手编袜子教科书

〔日〕林琴美 著

舒 舒 译

河南科学技术出版社

· 郑州 ·

目 录

01、02 … 14

03、04 … 15

05、06 … 16

07、08 … 17

10
… 21

09
… 20

11、12
… 26

13、14、15
… 27

16
… 28

17
… 29

18、19 … 32

20
… 34

21
… 35

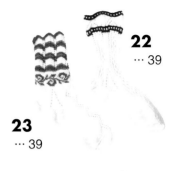

22
… 39

23
… 39

24、25 … 40

26、27 … 41

28
… 43

29、30 … 44

这是爱沙尼亚的朋友用狗毛纺成的线编织的袜子。以方形袜跟和圆形袜头编织而成。

第一次织袜子是在中学一年级的家政课上。我记得大约是用中细线编织的，但是罗纹口织得太紧，留下了穿起来很痛苦的回忆。之后虽然织了很多毛衣和马甲，却因为当年的印象，没再织过袜子。步入50岁以后，脚容易发冷，我想在室内穿温暖的毛线袜子。当时我恰好在《生活手帖》开始了手工编织的专题连载，第一回的主题便毫不犹豫地选择了手织袜，这就是我与手织袜的再次相会。那时候，我也开始参加北欧的编织活动，经常能见到织袜子的参加者，大家都用细细的棒针拼命地织着，无论是聊天，还是乘坐公交车时，都织得很开心。其中有一个人织的袜子图案非常不可思议，她给我展示了纱线，原来是袜子专用的段染毛线。我终于知道了手工编织的袜子是多么受欢迎。当时日本还没有这种线，后来随着袜子专用线传入日本，手工编织的袜子也在日本流行起来。

在《生活手帖》上介绍袜子的时候，我找不到这方面的日文材料，便一边认真阅读以前买来的英文袜子书，一边用5根棒针编织，终于编织成功了。以此为契机，我发现织袜子并没有那么难，于是我找了很多外文书研究。有本19世纪出版的手工艺书的复印本很有趣。那本书上有各种各样的袜跟编织方法和袜头编织方法，于是我从起针的针数开始，研究袜子是如何构成的。最初我都是用5根棒针编织的，后来我学会了用环形针编织的方法，从此就一直用环形针编织。

因此，本书的作品都采用环形针编织，我将至今为止感兴趣的针法和图案应用到袜子的设计中。设计和编织的过程都很有趣，完成了本书刊登的作品时，我甚至还想编织更多袜子。在编织爱好者中，喜欢织袜子的人被称为"Sock Knitter"（袜迷、织袜子能手），我也完全变成了一个"Sock Knitter"。这本书中几乎没有成对完成的作品，因为我想引入更多设计，所以每一只袜子都是一件单独的作品。袜子是成对编织的，但织第二只袜子往往让人觉得乏味，这种只织一只袜子的人被称为"SSK"。这可不是英语编织方法中"slip slip knit together"（滑1针，再滑1针，将2针并针，也称下针右上2针并1针）的缩略语，而是指"Single Sock Knitter"（译者注："只织一只袜子的人"，就是每对袜子只织一只，即"只织半对袜子的人"，国外还有更幽默的叫法是"第二只袜子恐惧症"）。只要理解了袜子的构成，用什么方法来编织都关系不大。希望大家以喜欢的编织方法、结构进行各种各样的组合，创作出独一无二的原创设计。但是，请不要烂尾，以免变成一个"只织一只袜子的人"。

林琴美

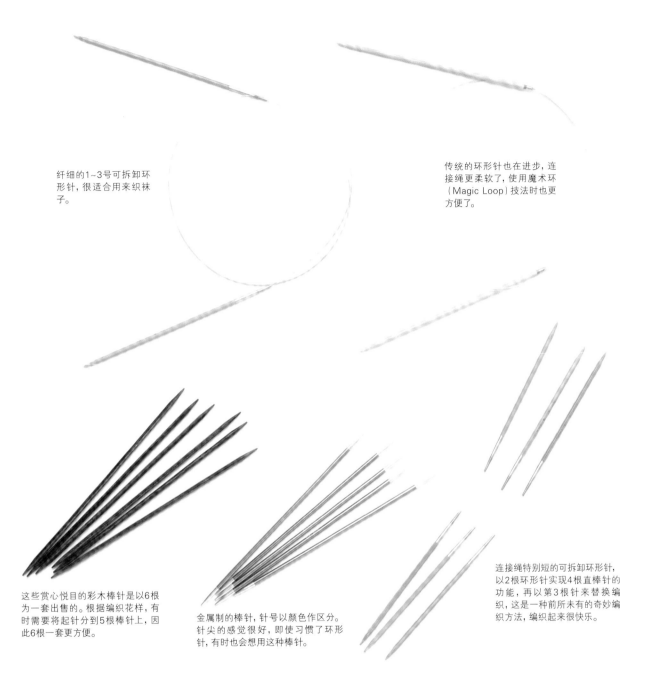

纤细的1~3号可拆卸环形针,很适合用来织袜子。

传统的环形针也在进步,连接绳更柔软了,使用魔术环(Magic Loop)技法时也更方便了。

这些赏心悦目的彩木棒针是以6根为一套出售的。根据编织花样,有时需要将起针分到5根棒针上,因此6根一套更方便。

金属制的棒针,针号以颜色作区分。针尖的感觉很好,即使习惯了环形针,有时也会想用这种棒针。

连接绳特别短的可拆卸环形针,以2根环形针实现4根直棒针的功能,再以第3根针来替换编织,这是一种前所未有的奇妙编织方法,编织起来很快乐。

魔术环是什么?

这是使用长长的环形针来灵活解决各种尺寸的环形编织方案。从连接绳的两端抽取出多余的针绳来编织,这种崭新的编织方法运用起来像魔术一样神奇。只需要1根环形针就可以完成编织,很多人一旦习惯了这个方法,从此被它征服。编织方法请看第10页。

关于袜子针

织袜子的棒针,需要两端都是针尖的双头棒针,可以是短的4根直针或5根直针,也可以是环形针。如果使用双头直棒针,通常建议用5根针,当然也有些教程是使用4根针的。使用4根直棒针时,将起针数分成3份来编织;使用5根针时,则分成4份来编织。由于织袜子时要对占总针数一半的脚背针目进行休针,因此,将针数分成4份,会比将针数分成3份的编织方法更容易计算。如果使用环形针,可以选择用1根环形针或2根环形针来编织。使用1根环形针的话,建议用80厘米;如果想使用2根环形针的话,60厘米会更好。在使用环形针编织时,来回翻面编织的部分用2根短直针会更方便。

最近3根装的织袜子专用针引人注目。将环形针的构想与直棒针结合,使用极短的针绳连接针头,看似1根双头棒针,中间的针绳却可以弯曲使用,因此可以把它看作2根棒针,用第3根针来编织,如此一来,编织方法跟5根棒针一样。

认识袜子的编织结构

袜子是由袜筒（Cuff）、袜跟（Heel）、三角裆（Gusset）、足筒（Foot）、袜头（Toe）等部分组成的。本书将介绍从袜口开始编织的各种袜子，也包含没有三角裆的袜子。

①袜筒（Cuff）

首先，从袜口起针一直编织到袜跟后侧。如果使用罗纹针开始编织袜口，就会成为很舒服的袜子。只要你觉得设计好看，使用蕾丝编织或起伏针这些弹性不好的花样来做袜口也没有问题。计算起针数时，要考虑花样的最大公约数。当然了，以罗纹针为编织起点的话，也可以通过加针来调整后续花样的针数！

②袜跟（Heel）

·袜跟后侧

将袜筒的针数分成两半，脚背的针目休针，剩下的针目作为袜跟后侧笔直地编织。取一半的针目是基本的做法，针数也可以根据袜筒的花样进行微调。袜跟是穿鞋的时候最容易磨损的地方，可以通过加入毛线或编织滑针的方法，来增加织物的厚度。

·袜跟转角

袜跟底部的转角会让袜子更具立体感也更好穿，转角有各种各样的编织类型，选择你喜欢的设计来编织。

※图中为方形袜跟

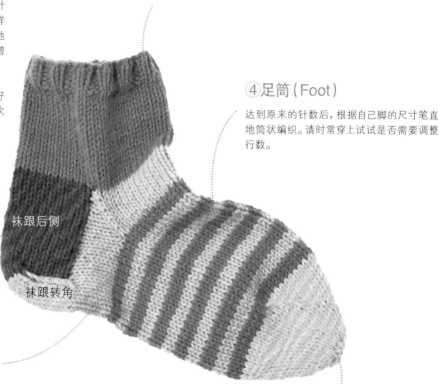

袜跟后侧

袜跟转角

④足筒（Foot）

达到原来的针数后，根据自己脚的尺寸笔直地筒状编织。请时常穿上试试是否需要调整行数。

③三角裆（Gusset）

织完袜跟后，从袜跟后侧挑针，与之前休针的脚背针目一起编织，在三角裆处做减针，直到针数变回原来的针数。这可能是袜子编织的高潮！但是穆胡袜子不用编织三角裆，而是通过计算公式来制作的，喜欢这种方法的人推荐编织穆胡袜子。

⑤袜头（Toe）

袜头形状不同，行数也不同，请根据编织花样、自己的尺寸来选择合适的袜头。

※图中为螺旋形袜头

小思考

因为袜子是环形编织的，所以编织起点和编织终点的花样会有点对不齐。如果是编织花样无太大影响的情况（或是性格豁达的人），没必要在意右脚和左脚的差异；但是如果两只袜子的编织花样偏离到影响左右对称，则要考虑将此处（花样对不齐的位置）放在袜子的内侧来编织。

袜跟的种类

袜跟的种类很多，本书介绍了8种袜跟，总体分为没有三角裆的简单类型和带有立体三角裆的类型。请一边翻阅对应的详细步骤图，一边动手挑战。

无三角裆的袜子

因为没有三角裆，所以编织花样不会变形，这一点让编织更加愉快。

简易袜跟

使用引返编织技法形成立体的袜跟。
编织方法解说见第30页。

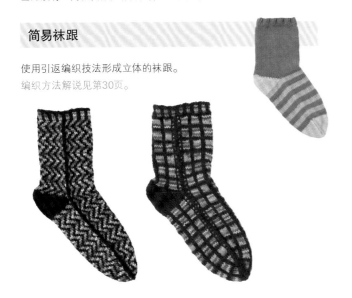

事后袜跟

因为是事后再加入编织的袜跟，即使磨损了也很容易修补。
编织方法解说见第31页。

穆胡袜跟

用独特的计算公式得出针数和行数。编织袜跟转角时，无须编织三角裆，因此配色图案不会发生变形。
编织方法解说见第37页。

穆胡岛的袜子（参照第37页）

穆胡岛位于波罗的海，是爱沙尼亚的第三大岛，这里的袜子用特殊手法编织而成。与一般袜子最大的区别之一是袜头的形状。左右侧分别编织出不同的形状。连3针并1针的减针方法都以穆胡的名字来命名，可见是这个岛独有的技巧（编织方法参照第47页）。这个减针方法可以（在袜子侧边）形成有趣的锯齿纹理。另一个特点是没有三角裆。话虽如此，袜跟转角还是有的，这是怎么织出来的呢？计算公式如下：从袜跟后侧挑针的针数+袜跟转角的针数+休针的针数=原来的针数。

*全部针数=60针（A）时
· 袜跟后侧的针数=30针（A×1/2）=B=休针的针数
· 袜跟转角的针数=10针（B×1/3）=C
· 从袜跟后侧挑针的针数=10针=（B−C）×1/2=D
· 袜跟后侧的行数（挑针数的2倍）=从20行挑10针
· D×2+C=B=30针

有三角裆的袜子

三角裆部分的花样会随着减针而发生变化,结构立体,所以袜子很好穿。

方形袜跟

基础的袜子编织方法,了解了它才能将袜子织得更完美。

编织方法解说见第10页。

基赫努袜跟

起源于爱沙尼亚的基赫努岛,袜跟的编织方法应用了方形袜跟的特点。

编织方法解说见第25页。

心形袜跟

心形的袜跟转角。

编织方法解说见第24页。

法式袜跟

梯形的袜跟转角。

编织方法解说见第30页。

楔形袜跟

袜跟后侧与三角裆、袜跟转角连在一起编织,无须从袜跟后侧挑针,是一种轻松的编织方法。

编织方法解说见第36页。

楔形袜跟

袜跟后侧和三角裆同时编织,袜跟转角处利用1针交差的针法实现连接,将足筒的针数减至与起针针数相同。这种方法是在《爱沙尼亚的编织2 袜子篇》一书中发现的。现存的(古董)袜子大部分是白色的长筒袜(高筒袜),融入了蕾丝编织花样,给人的感觉很特别。三角裆的挂针加针形成镂空的洞眼,成为袜口蕾丝花样的一部分,这样的设计不只体现了手作之美,还体现了数学结构之美。

在保存下来的袜子资料图中,有各种各样的三角裆的加针方法,其中有将挂针扭着编织的方法,本书第41页的短筒袜就应用了这个方法。在设计楔形袜跟时,要通过方格纸和计算器来辅助,是一件快乐的事情。

袜头的种类

本书介绍6种袜头的设计。决定好想要编织的袜子花样后,根据自己的尺寸,将编织花样分为袜头之前、袜头之后,分别计算出行数。决定了袜头的行数后,就能知道哪种袜头最合适。当然也可以先考虑喜欢的袜头类型,再倒推袜头所需的行数。

扁平袜头

顾名思义就是平坦的袜头。左右两边减针,其余的针目编织平针。

编织方法解说见第46页。

穆胡袜头

爱沙尼亚穆胡岛独有的编织方法。

编织方法解说见第47页。

圆形袜头①

成品形状立体圆润。
袜头较短的类型。

编织方法解说见第46页。

圆形袜头②

成品形状立体圆润。
袜头较长的类型。

编织方法解说见第46页。

星形袜头

减针处的针目构成清晰线条的编织方法。

编织方法解说见第46页。

螺旋形袜头

沿着扭针的减针方向,袜头呈圆润立体形状的编织方法。

编织方法解说见第13页。

从基础的方形袜跟开始
学习编织！

常见的袜跟就是这种方形袜跟。由袜跟后侧和四方形的袜跟转角构成。有了三角裆的连接，穿起来很轻松。袜头为较为少见的螺旋形袜头。

编织袜口　使用钩针起针　袜口处弹性正好的起针方法

1

使用钩针起针。

2

以夹住棒针的方式来挂线，按箭头方向拉出。

3

左手的线绕到棒针下面。

4

钩住线拉出。（使用锁针编织的要领）

魔术环的编织方法

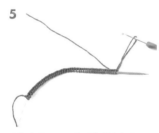

5

重复步骤**3**、**4**，直到棒针上起出所需的针数。

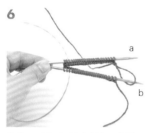

6

将针目对半分，抽出针绳，将针目移到针头上，将钩针上的最后一针挂在另一侧的针头上。

7

织物进入环形编织的状态，抽出a针头，编织第2行。将最后挂上来的针圈与第1针编织2针并1针。按箭头方向入针。

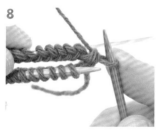

8

挂线拉出，编织下针。完成第2行的第1针（这只是第2行）。

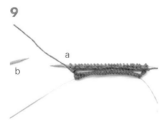

9

继续按照下针、2针上针、2针下针的双罗纹针来编织，将一半的针目编织到棒针上。

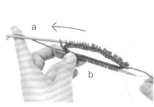

10

接着将针目移动到b针头上，抽出a针头，继续编织挂在b针头上的针目。

11

余下的针目也按同样的双罗纹针编织。

12

重复步骤**9~11**，完成袜口的筒状编织。

编织袜跟后侧

参考符号图，来回翻面编织。

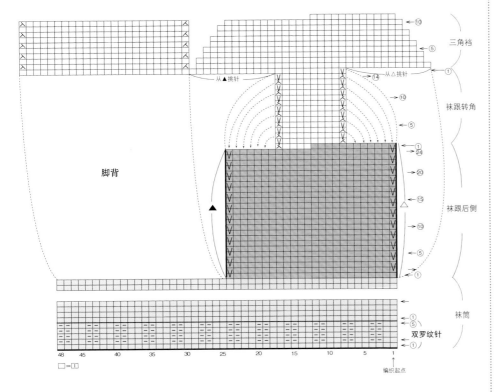

三角裆

脚背

从▲挑针　　从△挑针

袜跟转角

袜跟后侧

袜筒

双罗纹针

□=⊡

编织起点

袜跟后侧的部分要编织多少厘米？

袜跟后侧的长度一般为4~5厘米（女性穿），但是对于脚背高的人来说，穿起来会有些紧绷。这种情况要先测量脚踝到脚后跟的尺寸再决定。袜跟后侧较长则挑针数变多，三角裆也要调整一下。

袜跟后侧的常用编织花样为：正面交替编织下针和滑针，反面则将原来的针目和滑针全部编织成上针。滑针的交替出现会（在反面）带来渡线，因此增加平针花样的厚度，成为结实的质地。袜跟转角和袜跟后侧都是穿鞋时容易摩擦损坏的位置，需要使用又厚又结实的花样。加入配色编织也会带来渡线，可以实现类似的编织效果，因此我也会采用配色编织的方法。

编织袜跟转角

1

以袜跟后侧的中心（后中心）作为编织起点。

2

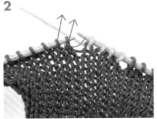

第1行。从后中心开始编织4针下针，右棒针按箭头方向（依次）入针挑走针目，再移回左棒针上。

3

编织右上2针并1针。

4　　V 滑针

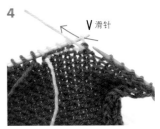

第2行。翻到反面编织，如箭头方向送入第1针。

5　　V 滑针

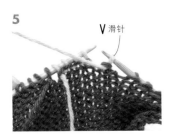

移到右棒针上，完成滑针。

6

编织8针上针，接下来的2针按箭头方向入针。

7

编织上针的左上2针并1针。此处在符号图中用下针的左上2针并1针的符号来表示，但是在反面编织时，实际编织成上针的左上2针并1针。

8

第3行。翻到正面编织，第1针如箭头方向入针。

9

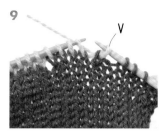

完成滑针。

10

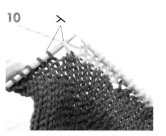

编织8针下针后，与袜跟后侧的针目一起编织右上2针并1针。

11

完成右上2针并1针。重复步骤**4~10**。

12

袜跟转角最后一行的左侧完成后，将环针穿回袜筒之前休针的针目，以及（袜跟转角）最后一行的右侧针目。

完成袜跟后穿回环针

在袜子的编织过程中，其中一个重点是三角裆，将足筒的针目穿回到环针上来编织。按图片的方向，将袜跟转角的针目与休针的针目穿到环针上，并分配相同的针数。如果是用5根针编织，分配方法也是一样的。从袜跟后侧的左右两侧挑针，每2行挑1针，以滑针为边针来挑针，对于编织新手来说会更容易上手。袜跟后侧的两条侧边挑针的针数+袜跟转角剩余的针数与脚背休针的针数，通过三角裆的减针恢复成原来的针数。根据袜跟后侧的行数和袜跟转角的编织方法的不同，总针数也会不同。为了减回原来的针数，减针的次数也有多有少。大家记住，最多会有4行的行差。完成三角裆，袜子就成功了一大半。

编织三角裆

1

从袜跟转角的中心点开始编织。在袜跟转角的边缘，按箭头方向，挑起滑针的2根线入针。

2

挂线拉出。从1针滑针中挑了1针（每2行挑1针）。

3

袜跟后侧的侧边挑针完成。（仔细地从线上的针目挑针，尽量让洞眼小一些。）

4

直接将脚背休针的针目编织成下针。

5

从袜跟后侧的另一侧，以同样的方法挑起边上的滑针2根线编织。

6

对应1针滑针挑1针。

7

第1行挑针完毕。

8

第2行，参照符号图，在袜跟后侧与脚背的交界处，使脚背的针目在上方来编织左上2针并1针。

9

另一侧的交界处，也是使脚背的针目在上方来编织右上2针并1针。

10

三角裆编织完成。

11

按所需长度编织足筒。

编织袜头

下面以螺旋形袜头为例进行说明。

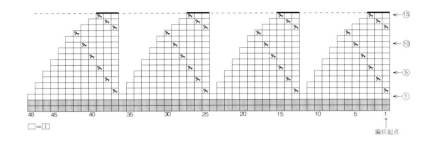

□ = □

48 45 40 35 30 25 20 15 10 5 1

1

第2行。按箭头方向从后方进针编织前2针。

2

挂线,2针一起织出。

3

完成扭针的右上2针并1针。按照符号图的间隔来编织减针,完成15行。

4

最后一行,将线穿入缝针。

5

剩余的针目,用缝针隔一针穿一针。

6

穿了第1圈后,再将缝针穿过余下针目。

7

一边抽走棒针,一边注意不要掉下针圈,让线交替穿过。

8

先拉紧第1圈的线,再拉紧第2圈的线。

9

把线抽紧,使洞眼消失。

10

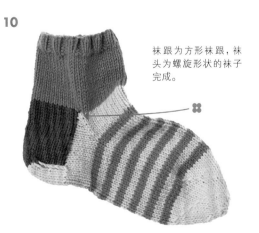

袜跟为方形袜跟,袜头为螺旋形状的袜子完成。

❀部分

从袜跟后侧挑针的诀窍

从袜跟后侧挑针时,三角裆的顶角可能会有洞眼。在这种情况下,只要比指定的针数多挑一些,下一行调整减针的针数至所需的针数就可以了。这是丹麦编织设计师薇薇安教我的方法。

五彩缤纷的
V 形图案，
充满乐趣

01、02

山形花样的袜子

这款 V 形图案（山形花样）的方形
袜跟的袜子非常合脚。适合不同颜
色、材质的毛线，也可变化条纹配
色的行数，自由地创作属于自己的 V
形图案。本作品采用方形袜跟及扁
平袜头。

使用线材 ▶ 和麻纳卡 Amerry
编织方法 ▶ 50 页

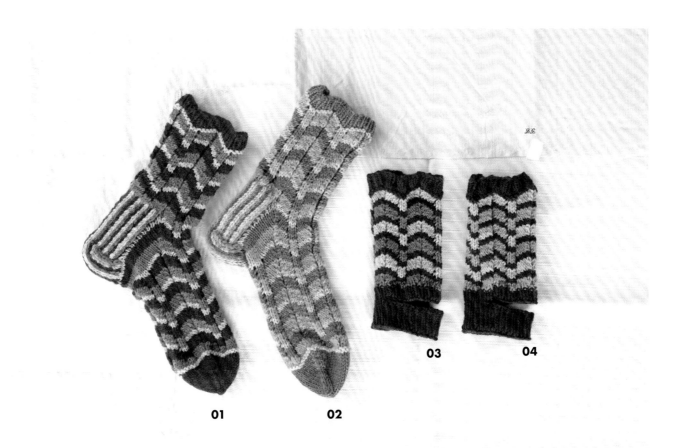

03　**04**

01　**02**

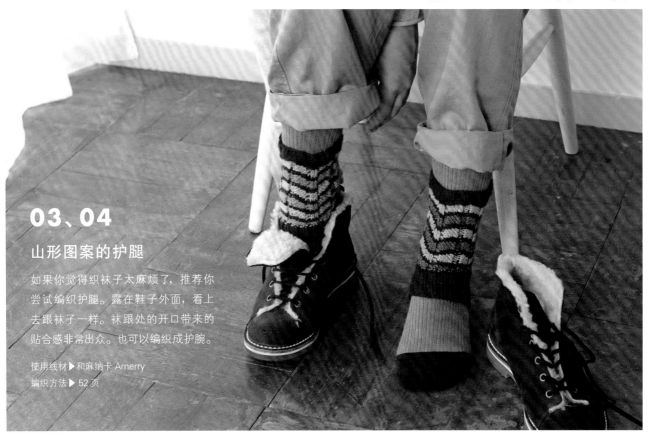

03、04

山形图案的护腿

如果你觉得织袜子太麻烦了，推荐你
尝试编织护腿。露在鞋子外面，看上
去跟袜子一样。袜跟处的开口带来的
贴合感非常出众。也可以编织成护腕。

使用线材▶和麻纳卡 Amerry
编织方法▶ 52 页

边缘花样充满魅力，
心形袜跟的袜子

05 扇贝花边的花朵图案袜子
06 护腕

袜筒接着扇贝花边（参照第18页）的袜口编织。用饱满立体的针法编织出花朵图案（参照第18页），看上去有点不可思议，其实技法很简单，请多多应用。袜子采用星形袜头和心形袜根。可编织同款护腕。

使用线材▶手织屋 e-Wool、e-Wool（long）
编织方法▶ 54、53 页

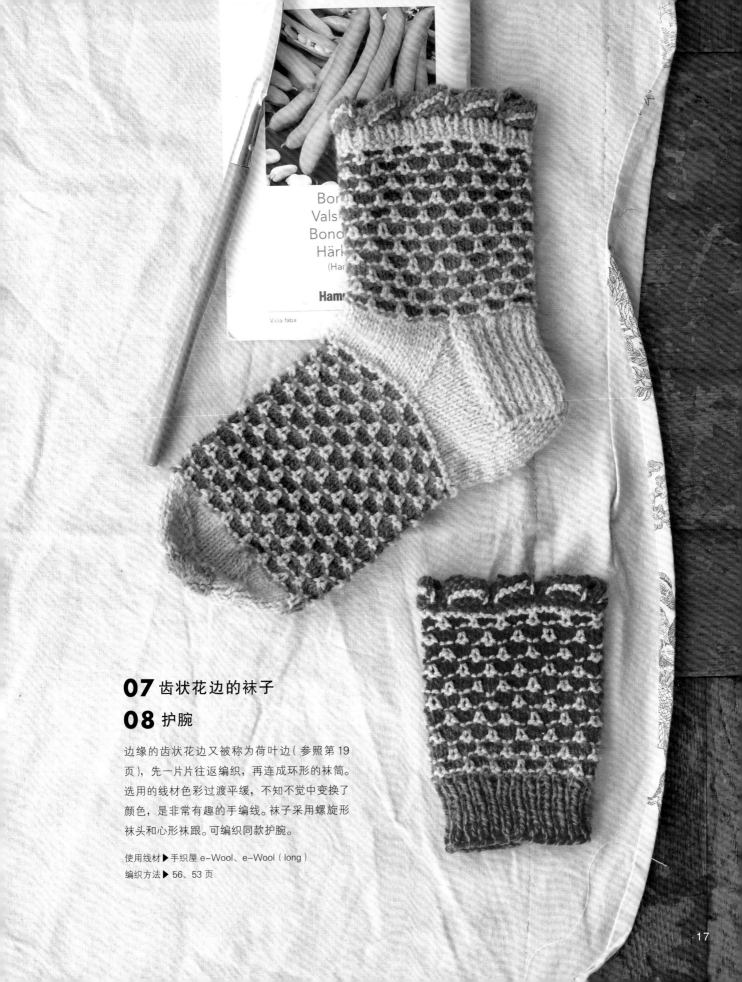

07 齿状花边的袜子
08 护腕

边缘的齿状花边又被称为荷叶边（参照第19页），先一片片往返编织，再连成环形的袜筒。选用的线材色彩过渡平缓，不知不觉中变换了颜色，是非常有趣的手编线。袜子采用螺旋形袜头和心形袜跟。可编织同款护腕。

使用线材 ▶ 手织屋 e-Wool、e-Wool（long）
编织方法 ▶ 56、53 页

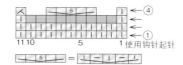

11 10　　　　5　　　　1 使用钩针起针

扇贝花边的编织方法（环形编织）

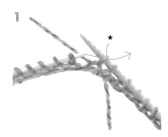

1

使用钩针起针（参照第10页），编织1行下针。第3行，编织2针后，左棒针按箭头方向入针，移回针目。（★=移动针目）

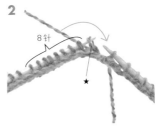

2

8针

按箭头方向，将后面8针套收在被移回的针目（★）上。

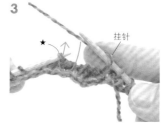

3

挂针

编织挂针，按箭头方向向下一针（★）入针编织下针。

处的针目织好了。

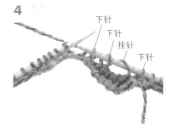

4

下针
下针
挂针
下针

再编织1针下针。重复步骤**1~4**（第3行）。

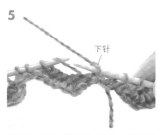

5

下针

第4行，编织1针下针，从前一行的挂针编织出下针、上针、下针、上针、下针，共5针。

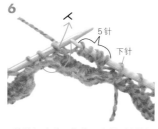

6

5针
下针

5针编织完毕。将接下来的2针编织成左上2针并1针。

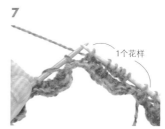

7

1个花样

重复此7针的花样。

8

扇贝花边完成。

绕圈针的编织方法

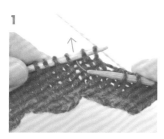

1

如箭头方向，将棒针送入2针之后的空隙，将配色线拉出。

2

按箭头方向将拉出来的针圈挂到左棒针上。

3

朝已经挂在棒针的针圈的后方入针。

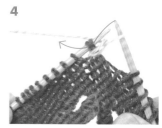

4

编织下针。按箭头方向将右棒针送入2针中。

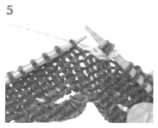

5

移到右棒针上。

6

将棒针插入配色线编织的针目中，使其盖住移过来的2针。

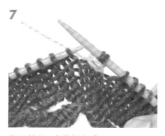

7

绕圈针的1个花样完成。

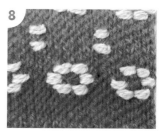

8

在指定位置编织绕圈针，注意有使用主色线编织的位置。

齿状花边的编织方法

一边编织一边起针

1

打个活结（见第91页）起1针，从针目中间入针，拉出线圈。

2

将左棒针按箭头方向插入线圈。

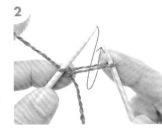

3

移好针目。

边缘的编织方法

4

第2针完成。将步骤**2**、**3**重复5次。

1

完成7针的起针。接着编织1行下针。

2

最边上的符号编织滑针，使用黄色线编织完第3行。

3

按符号图编织完6行。

4

翻回正面，按箭头方向将左棒针送入第5行剩余的黄色针圈。

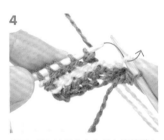

5

移动针目。将棒针从左方送入移好的针目及其下一针。

6

编织左上2针并1针。

7

继续编织4针下针。此时棒针上共挂着6针。

8

翻回反面，从最右端的针目入针，从针目中起针。

9

第2片齿状花边完成7针起针。

10

将步骤**1**~**5**重复8次，形成齿状花边。棒针上共挂着54针。

爱沙尼亚基赫努岛图案
基赫努袜子

09

基赫努提花袜子

基赫努岛的袜子，拥有基赫努特色的袜跟和编织图案。把原本用于手套上的配色图案用到袜子上。使用双色起针法①（参照第22页）来起针，加入基赫努辫子针（参照第23页）的线条。本作品采用星形袜头。

使用线材▶手织屋 e-Wool
编织方法▶58页

10

基赫努白底袜子

基赫努岛传统的白底袜子,以细绳形状的基赫努辫子针(参照第 23 页)来修饰其轮廓线条。基赫努辫子针的关键在于毛线的缠绕方法。本作品使用双色起针法②(参照第 22 页)起针,采用圆形袜头。

使用线材▶手织屋 e-Wool
编织方法▶60 页

双色起针法①的编织方法

1

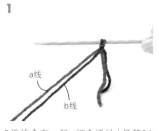

a线
b线

2根线合在一起，打个活结（见第91页）起针。

2

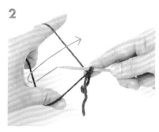

2根线分别绕在拇指和食指上，按箭头方向从下方挑起b线。

3

挂上a线，按箭头方向从b线之间掏出。

4

松开拇指。

5

拉紧b线。

6

起出1针。从a线的下方绕b线，交换a线和b线。总是朝同一个方向绕线。

7

重复步骤**2~6**，起出所需的针数。

8

将活结解开，不计入针数里。

双色起针法②的编织方法

1

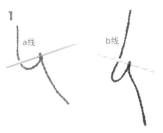

a线   b线

在2根针上分别打个活结（见第91页）起针。

2

从a线的针圈中拉出线圈。

3

将b线的针圈移到a线的线圈上。

4

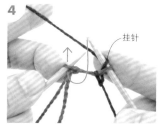

挂针

b线编织挂针，从a线的活结中入针，编织下针。

5

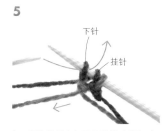

下针
挂针

把a线拉紧（注意不要拉得太紧），把织好的针目移到左棒针上。

6

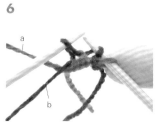

a

b

织好的针目移到了左棒针上。从b线下方绕a线，交换位置。

7

a线编织挂针、下针。一起朝同一个方向转动交换位置。

8

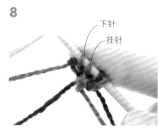

下针
挂针

a线完成挂针、下针后，将织好的下针移回左棒针上。

9

从a线下方将b线绕回来。

10

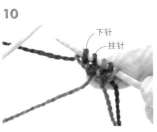

下针

挂针

a线拉紧，b线编织挂针、下针。

11

扭曲起来

重复步骤**5~10**。起针时一定要注意不能将线拉得太松。

基赫努辫子针的编织方法

1

前一行使用a线、b线交替编织。

2

b线

a线

把织好的线放下来，把要织的线放在上方，使用和前一行不同颜色的线（b线）编织上针。

3

下一针同样是在前一行的b线处，使用a线编织上针。

4

重复步骤**2、3**，完成基赫努辫子针。

双层基赫努辫子针的编织方法 ※使用在第40、41页的短筒袜中

1

前一行使用a线、b线交替编织。

2

把织好的线放下来，把要织的线放在上方，使用和前一行相同颜色的线编织上针。

3

交替使用前一行的同色线编织，完成第1行。

4

第2行同样是使用前一行的同色线编织。织好的线位于上方，从下面把线渡过去编织上针。

5

下一针同样使用前一行的同色线编织上针。

6

重复步骤**4、5**，完成双层基赫努辫子针。

变化版本的袜跟编织方法①

心形袜跟

袜跟转角为心形。袜跟后侧与方形袜跟编织方法相同。

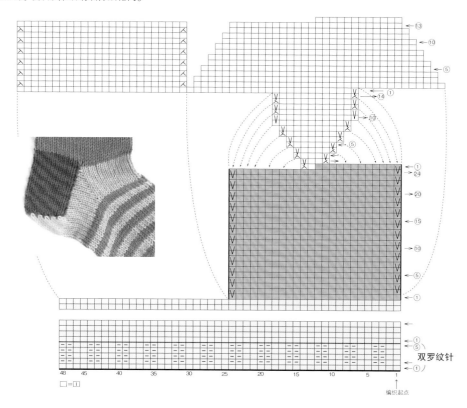

双罗纹针

编织袜跟转角

1

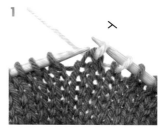

第1行。从袜跟后侧的中心开始，编织1针下针、右上2针并1针。

2

第2行。翻到反面，编织滑针、2针上针、上针的左上2针并1针。

3

第3行。翻到正面，编织滑针、3针下针，将袜跟后侧的2针编织成右上2针并1针。

4

第4行。翻到反面，编织滑针、4针上针，将袜跟后侧的2针编织成上针的左上2针并1针。

5

第9行。滑1针，直接编织10针下针。

6

第10行。同样滑1针，再编织11针上针。

7

第11行开始，将袜跟转角与袜跟后侧的针目编织为右上2针并1针。

8

袜跟转角完成。接下来编织三角裆、足筒等。

基赫努袜跟

袜跟后侧与方形袜跟相同。袜跟转角应用了方形袜跟的方法。

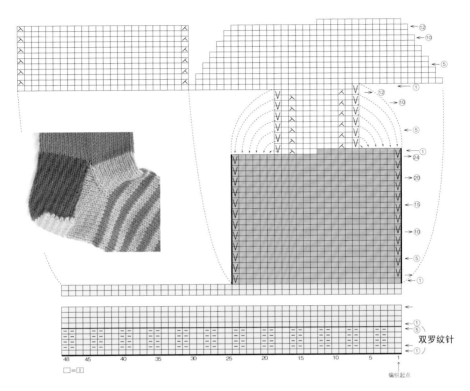

双罗纹针

□=□

编织起点

编织袜跟转角

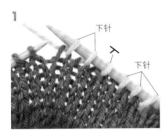

1

下针
下针

第1行。从袜跟后侧的中心开始，编织3针下针、右上2针并1针、2针下针。

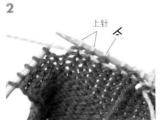

2

上针

第2行。翻到反面，编织滑针、8针上针、上针的左上2针并1针、2针上针。

3

第3行。翻到正面，编织滑针。

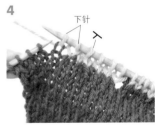

4

下针

编织8针下针、右上2针并1针、2针下针。

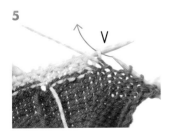

5

第4行。翻到反面，编织滑针。

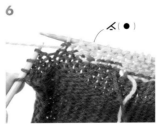

6

从正面看是人（●）

编织8针上针、上针的左上2针并1针、2针上针。一定要往袜跟后侧的方向前进1针来编织。

7

从正面看是人（●）
下针的左上2针并1针

上针的左上2针并1针，从正面看是下针的左上2针并1针。

8

完成袜跟转角。

25

活用塞尔布图案
事后袜跟

11、12

塞尔布图案提花袜子

将挪威传统的塞尔布图案做筒状编织，便织成了袜子。为使图案完美呈现，不被编织结构破坏，推荐使用事后袜跟。作品采用圆形袜头。

使用线材▶和麻纳卡 EXCEED WOOL FL（粗）
编织方法▶ 62页

13

14

15 正面

15 反面

13、14 塞尔布图案无指手套
15 塞尔布图案护腕

也可以编织成带拇指孔的无指手套，使用起来很
方便。这个图案被称为"塞尔布玫瑰"，仔细看，
三个图案都不一样。作品 15 是不带拇指孔的。

使用线材 ▶ 和麻纳卡 EXCEED WOOL FL（粗）
编织方法 ▶ 64、65、66 页

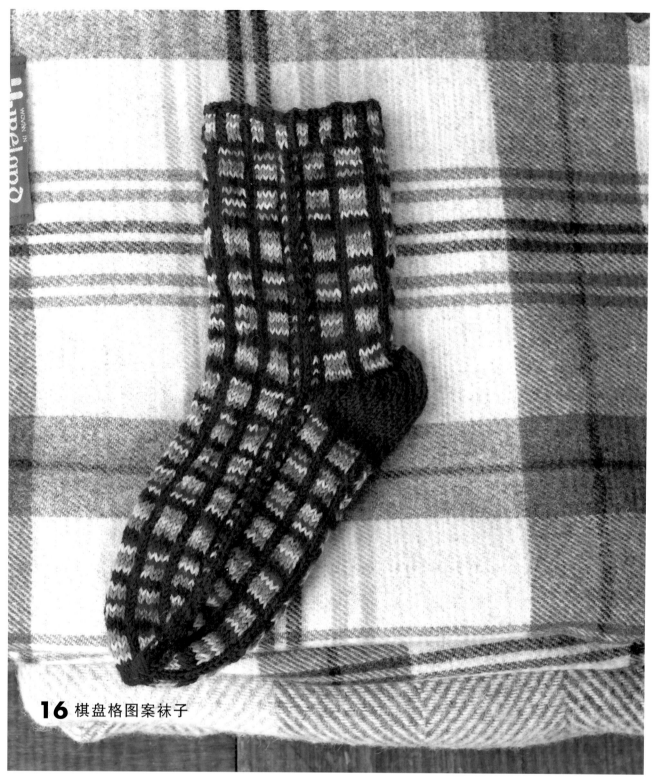

16 棋盘格图案袜子

跟事后袜跟（参照第31页）一样，简易袜跟也是能够维持图案完好的袜跟之一。
这件作品的侧边线为素色线条，结构简单。本作品采用扁平袜头。

使用线材▶和麻纳卡 KORPOKKUR、KORPOKKUR MULTI COLOR
编织方法▶67页

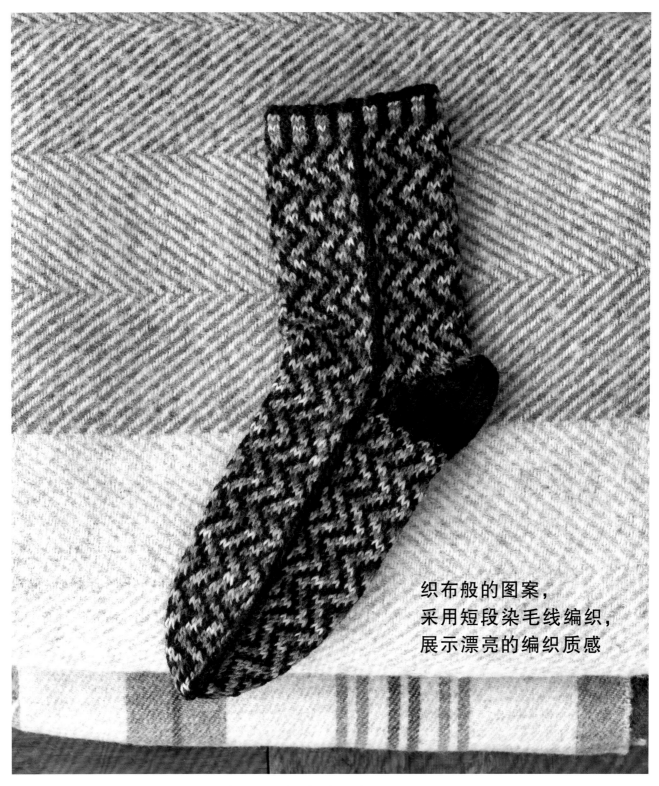

织布般的图案，
采用短段染毛线编织，
展示漂亮的编织质感

17 简单袜子　将第 28 页袜子的棋盘格图案，替换成人字形图案。
单色线和段染线的混搭，使花样产生了立体感，带来复杂细腻的层次感。

使用线材▶和麻纳卡 KORPOKKUR、KORPOKKUR MULTI COLOR
编织方法▶67 页

变化版本的袜跟编织方法②

简易袜跟

顾名思义，就是编织方法简单的袜跟。每两行向外前进一针来编织。
作品是从侧边线开始编织的。在编织起点加入单色条纹，颜色错位的问题就变得不显眼，图案也会漂亮地展现出来。

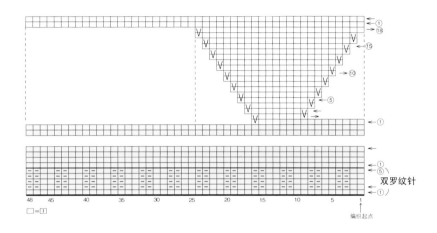

简易袜跟的袜跟转角编织角度特写。

法式袜跟

华丽的袜跟，带着可爱的袜跟转角。2针并1针之后再织1针，是编织的重点。

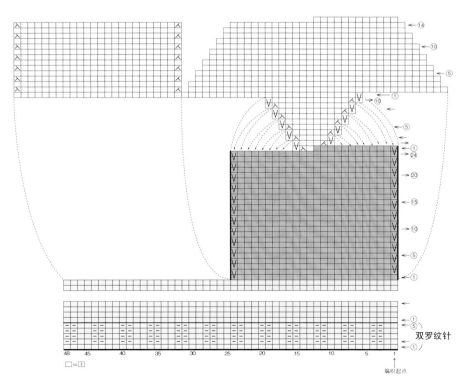

法式袜跟的袜跟后侧及袜跟转角编织角度特写。

事后袜跟

袜筒和足筒连在一起编织，事后再加入袜跟的编织方法。
袜跟的部分使用另色线编织一行，事后再拆掉另色线挑出针目。

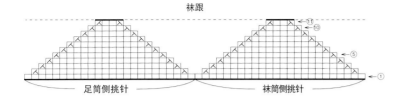

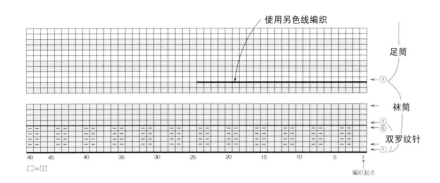

1

袜跟的位置使用另色线编织1行，完成后将针目移回左棒针，用原来的毛线编织过去。

2

将另色线拆除，挑出针目。

3

袜跟处接上新线，开始编织。

4

第1行挑针编织完毕，确认针数。袜筒侧和足筒侧的针数应该一致。

5

第2行，袜筒侧的起点先编织右上2针并1针。

6

袜筒侧的终点编织左上2针并1针。足筒侧也按同样的方法减针。

7

每一圈都减针，编织11圈。

8

织完后将线穿入缝针，再以平针接合的方法缝合袜跟。

穆胡岛的传统小鸟图案
与典型的穆胡袜头组合

18、19

小鸟图案穆胡袜子

在爱沙尼亚的穆胡岛，小鸟图案的袜
子和手套非常常见。穆胡袜头的左右
形状不同，像两只小鸟相对而立。本
作品采用法式袜跟。

使用线材▶手织屋 e-Wool
编织方法▶70 页

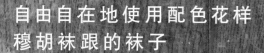

自由自在地使用配色花样
穆胡袜跟的袜子

20

穆胡袜跟的棋盘格袜子

穆胡岛的袜子制作袜跟时不编织三角裆，但设计出了独特的立体感。袜跟后侧采用竖条纹花样，这是个能让质地结实的好主意。本作品采用扁平袜头。

使用线材▶和麻纳卡 Amerry F（粗）
编织方法▶73 页

21
穆胡袜跟的传统图案袜子

配色提花的图案可以让作品的质地更结实,因此非常推荐。
确定了起针数后,要基于这个数字选择正好能准确容纳进
去的图案。我们从爱沙尼亚的传统图案中找到这款设计。
本作品为星形袜头。

使用线材▶和麻纳卡 EXCEED WOOL FL(粗)
编织方法▶ 75 页

变化版本的袜跟编织方法③

楔形袜跟

三角裆的镂空挂针，如蕾丝花样般优雅。袜跟处使用1针交叉的针法来突显其边际，形状如船底。

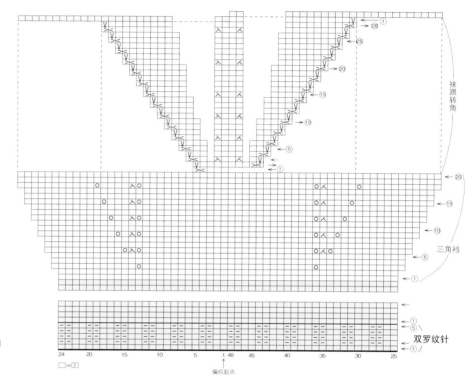

※编织三角裆时，参照符号图以挂针的方式编织加针

□=1

编织起点

袜跟转角

三角裆

双罗纹针

编织袜跟转角

1

从袜跟转角的中间开始，编织3针下针，接下来的2针编织右上1针交叉。按箭头方向依次向2针入针，移到右棒针上。

2

左棒针按箭头方向同时送入2针，将针目移回左棒针上。

3

交换位置

2针交换了位置，将它们编织成下针。

4

右上1针交叉编织完成。

5

翻到反面，第1针以箭头方向入针，编织滑针。

6

另一侧编织上针的左上1针交叉。按箭头方向送入左侧的2针，移到右棒针上。

7

按箭头方向依次入针，移回左棒针上。

8

上针

将移回的2针编织成上针。

9

上针的左上1针交叉编织完成。

10

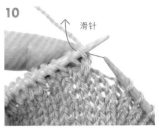

翻回正面,第1针编织滑针。

11

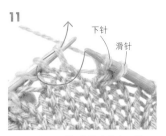

下一针编织下针,按箭头方向入针。

12

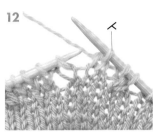

挂线拉出,左上2针并1针编织完成。

13

编织2针下针,接下来的2针编织右上2针并1针。

14

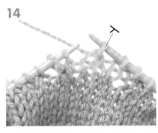

右上2针并1针编织完成。编织1针下针。

15

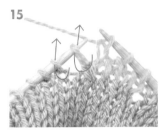

接下来的2针编织右上1针交叉。

16

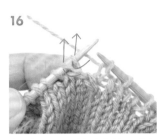

参照步骤1、2入针,交换针目,编织下针。

17

重复步骤5~16,完成袜跟转角。

18

1针交叉和三角裆的挂针加针形成蕾丝花样。

穆胡袜跟

与方形袜跟的编织方法几乎一样。袜跟后侧的长度较短,所以袜跟会稍微浅一些。(计算公式参照第7页)

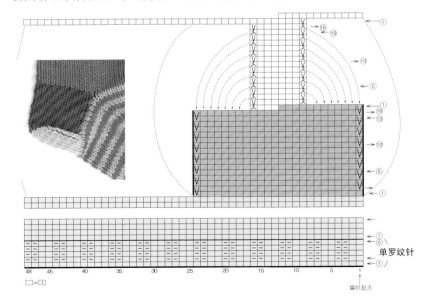

单罗纹针

编织起点

□=□

袜跟后侧要使袜跟转角的针数与挑针的针数相同,因此行数正好成倍编织。

袜跟转角的宽度为袜跟后侧针数的1/3。

楔形袜跟搭配
纤细的蕾丝图案
温柔地包裹双脚

22

浮雕麻花花样袜子

袜口将白点装饰的海军蓝线条和蕾丝花样结合。浮雕般立体的麻花图案，来自1针交叉的针法运用，很适合在稍微特别的日子穿上。本作品采用扁平袜头。

使用线材▶和麻纳卡 Amerry F（粗）
编织方法▶77 页

23

玫瑰图案的提花袜子

条纹配色的锯齿状镂空花样，与配色编织的玫瑰图案结合，带来甜蜜的氛围感。脚背处加入蕾丝的花样。本作品采用圆形袜头。

使用线材▶和麻纳卡 Amerry F（粗）
编织方法▶80 页

省略袜筒的袜子，
织起来非常简单！
可当成室内鞋穿

24、25

粉绿撞色短筒袜

使用稍微粗的线来编织，可以当室内鞋穿。

长度偏短，线材也粗，"嗖嗖嗖"就能完工的快手作品。两件作品都采用圆形袜头。

使用线材▶和麻纳卡 Aran Tweed
编织方法▶ 82 页

26、27

温暖短筒袜

袜口处的圈圈针，让作品显得备加蓬松温暖。楔形袜跟处采用配色条纹图案，与第38页的袜子形成不同的风格。三角裆处，挂针的下一行编织成扭针，洞眼便看不见了。作品采用圆形袜头。

使用线材▶和麻纳卡 Aran Tweed
编织方法▶ 84 页

用漂亮的段染线编织长筒袜

28

柔和段染色长筒袜

国外的传统袜子大多是偏长的长筒袜，所以我也尝试制作。
如果使用段染线，袜筒编织得再长也不会腻。这款袜子在
设计上费了很多心思，比如小腿肚的部分做了加针的设计。

使用线材 ▶ 手织屋 Östergötlan Karamell
编织方法 ▶ 86页

穿上袜子，
里面是毛茸茸的，
非常非常暖和

29、30

温暖的圈圈针袜子

这是为了防寒考虑的袜子。外观是简单的圆点图案，内侧是毛茸茸的小圈圈！穿的时候要小心一些，以免脚趾卡在小圈圈上。本作品采用扁平袜头。

使用线材▶和麻纳卡 EXCEED WOOL FL（粗）
编织方法▶ 89页

圈圈针的编织方法

1

在配色提花的配色位置，手指挂上配色线，棒针同时挑起手指前面和后面的2根线。

2

将2根线一起拉出。

3

圈圈针出现在反面。

4

右棒针上挂着2根配色线。

5

每次在配色线的位置，重复步骤1~4的操作。

6

反面的圈圈针的效果，此时看起来不太稳定。

7

编织了下一行，圈圈针就会稳定下来。

8

反面的效果。需要在反面编织出圈圈针时，同样是用手挂上配色线，棒针同时挑起将手指前面和后面的2根线，然后一起拉出。

圈圈针边缘的编织方法　因为圈圈针是在反面出现的，所以要将织物翻过来编织。

1

以下针的方向将棒针送入针圈，将左手食指放在棒针的后面。

2

沿着食指和棒针一起绕线，按箭头方向绕3圈。

3

然后将线拉出。

4

圈圈针编织完成。

5

圈圈针在另一面（正面）出现。

6

下一行，从卷在一起的3个圈线中入针。

7

编织下针。

8

编织了下一行，圈圈针就会稳定下来。

袜头的变化版本

扁平袜头

分成脚背和脚底两部分,分别在左右侧做减针,最后剩余的针目做平针接合。

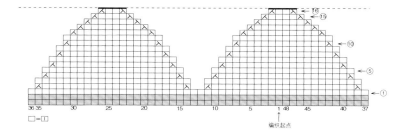

圆形袜头 ①

袜头形状圆润立体。将针数分成4等份进行减针,剩余的针目用线尾穿过再收紧完成(见第13页)。

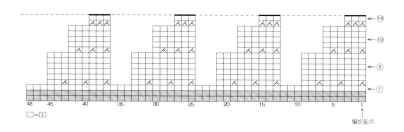

圆形袜头 ②

袜头形状缓慢变细。根据尺寸和花样的不同,和①区分使用。最后剩余的针目处理方法同①。

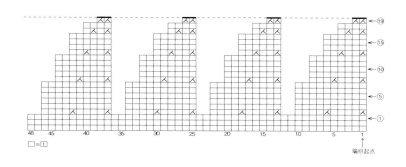

星形袜头

将针数分成4等份,在相同的位置进行减针,减针的痕迹就会立起来形成放射状的图案。完成时的处理方法见第13页。

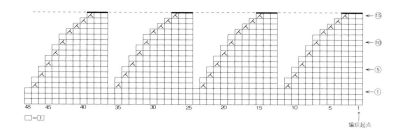

穆胡袜头

穆胡岛独有的袜头编织方法。不只是形状，所使用的减针方法，也是以穆胡来命名的"穆胡式3针并1针"。

先在一侧做3针并1针的减针，当针数减到只剩一半时，左右侧都编织3针并1针。

袜底

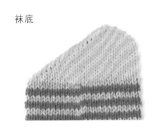

右脚

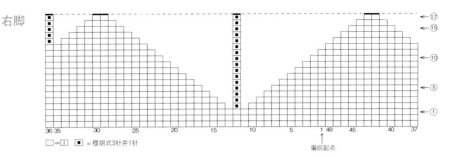

□=□　■ = 穆胡式3针并1针

编织起点

穆胡式3针并1针的编织方法

1 第2行。编织10针后，接下来的2针按箭头方向入针。

2 编织左上2针并1针。

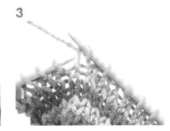

3 下一针编织下针。

4 盖住

将2针并1针的针目盖住。

5 侧边的3针并1针完成。这就是穆胡式3针并1针。每一行的侧边都编织3针并1针。

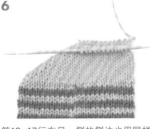

6 第13~17行在另一侧的侧边也用同样的方法编织3针并1针。

7

大功告成。最后一行，将线尾穿进剩余的针目，抽紧。

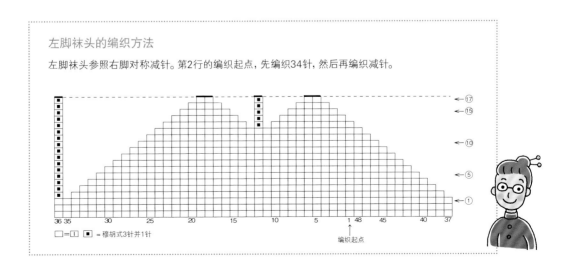

左脚袜头的编织方法

左脚袜头参照右脚对称减针。第2行的编织起点，先编织34针，然后再编织减针。

□=□　■ = 穆胡式3针并1针

编织起点

本书使用的线材
（图片为实物粗细）

品牌
线名
成分
规格　线长　线的种类
标准棒针针号（日本针号）

和麻纳卡
Aran Tweed
90%羊毛　10%羊驼
40克　82米　中粗
8~10号

和麻纳卡
Amerry
70%羊毛　30%腈纶
40克　110米　中粗
6~7号

和麻纳卡
EXCEED WOOL FL（粗）
100%羊毛
40克　120米　粗
4~5号

和麻纳卡
Amerry F（粗）
70%羊毛　30%腈纶
30克　130米　粗
4~5号

和麻纳卡
KORPOKKUR
40%羊毛　30%腈纶　30%尼龙
30克　130米　粗
3~4号

和麻纳卡
KORPOKKUR MULTI COLOR
40%羊毛　30%腈纶　30%尼龙
25克　130米　粗
3~4号

手织屋
Östergötlan Karamell
100%羊毛
100~120克　300米/100克　粗
5~6号

手织屋
e-Wool (long)
100%羊毛
50克　142米　粗
4~6号

手织屋
e-Wool
100%羊毛
100~110克　285米/100克　粗
4~6号

线材赞助
和麻纳卡株式会社
手织屋

How to make
作品的编织方法

● 本书的作品使用 80 厘米的环形针及魔术
　环技法（参照第 10 页）来编织。

● 本书中的线量为 2 只袜子的用量。

● 图中未标注单位且表示长度的数字均以厘
　米（cm）为单位。

材料

和麻纳卡 Amerry **01**／酒红色（19）35 克，墨蓝色（16）30 克，春绿色（33）15 克；**02**／墨蓝色（16）35 克，橘色（4）30 克，春绿色（33）15 克

工具 棒针 3 号，钩针 5/0 号（起针用）

成品尺寸 底长 24 厘米，高 19 厘米

编织密度 10 厘米 ×10 厘米面积内：条纹花样 32.5 针，34 行

编织要点

· 使用钩针起针的方法起52针，编织单罗纹针至第5行。
· 袜筒处参照编织图解编织条纹花样。
· 袜跟处按配色花样编织方形袜跟（参照第11页）。
· 接下来按条纹花样编织三角裆和足筒。足筒的第39行，参照图解进行减针。
· 袜头编织扁平袜头（参照第46页）。剩余的针目做平针接合。

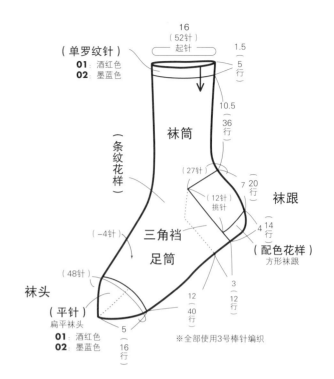

袜头

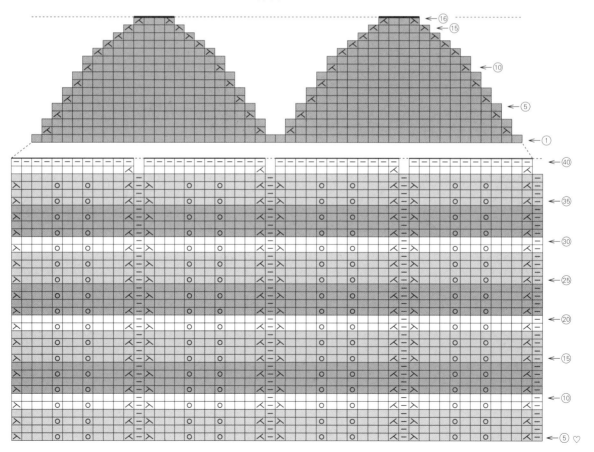

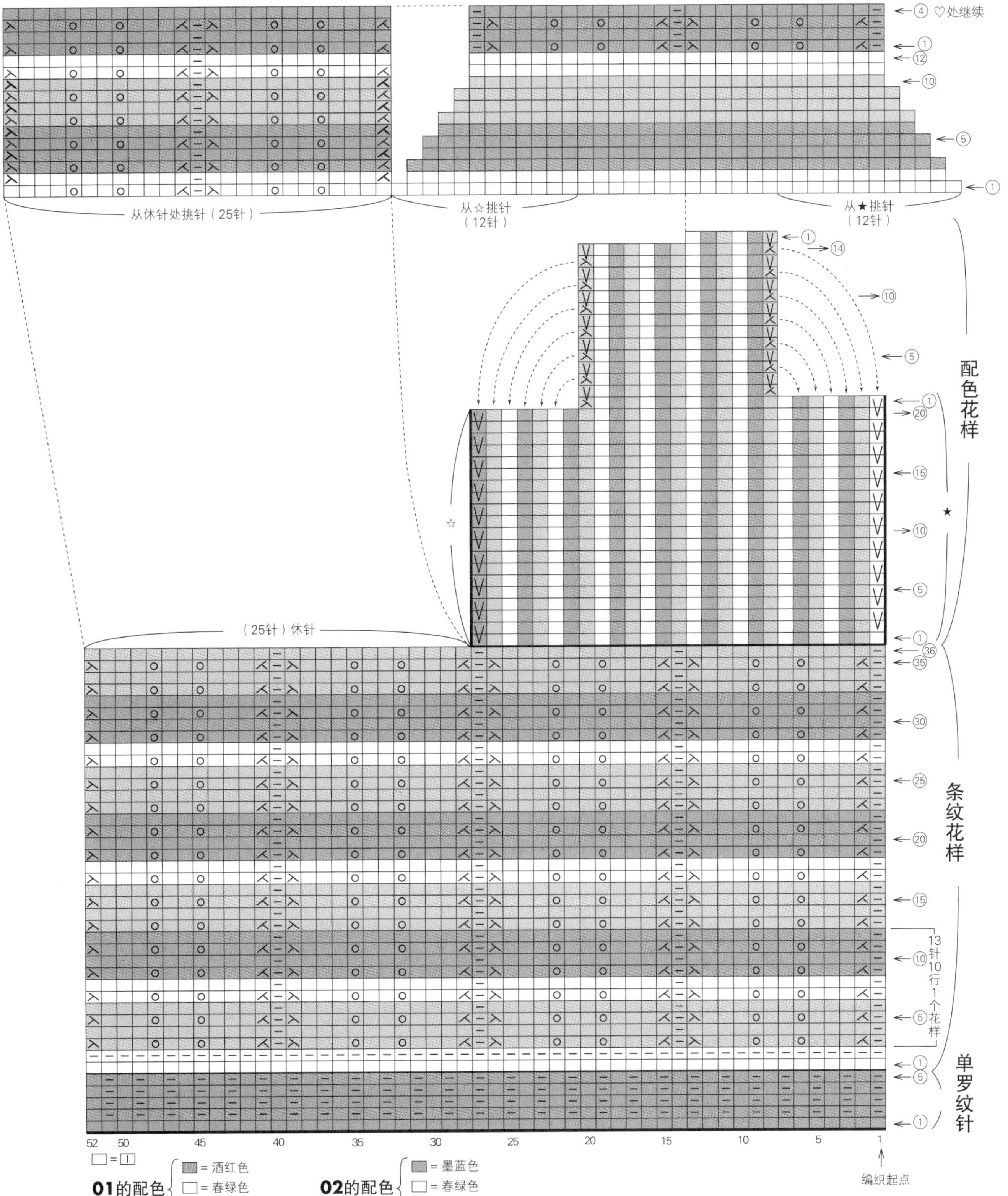
④ ♡处继续
从休针处挑针（25针）
从☆挑针（12针）
从★挑针（12针）
（25针）休针
☆
★
配色花样
条纹花样
单罗纹针
13针10行1个花样
52 50 45 40 35 30 25 20 15 10 5 1
编织起点

□ = |

01的配色：■ = 酒红色；□ = 春绿色；▨ = 墨蓝色

02的配色：■ = 墨蓝色；□ = 春绿色；▨ = 橘色

材料

和麻纳卡 Amerry **03** /酒红色（19）20克，墨蓝色（16）、春绿色（33）各10克；**04** /墨蓝色（16）20克，橘色（4）、春绿色（33）各10克

工具 棒针3号，钩针5/0号（起针用）

成品尺寸 脚踝围16厘米，长19厘米

编织密度 10厘米×10厘米面积内：条纹花样32.5针，34行

编织要点

· 使用钩针起针的方法起52针，编织双罗纹针至第5行。
· 参照编织图解编织条纹花样。
· 袜跟处的第5圈，前27针做下针织下针上针织上针的伏针收针。第6行，使用钩针起针的方法起针，然后继续编织单罗纹针。
· 最后一行的收针方法同第5行。

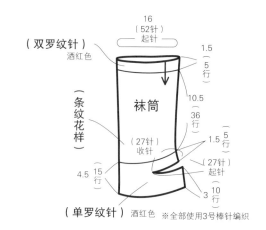

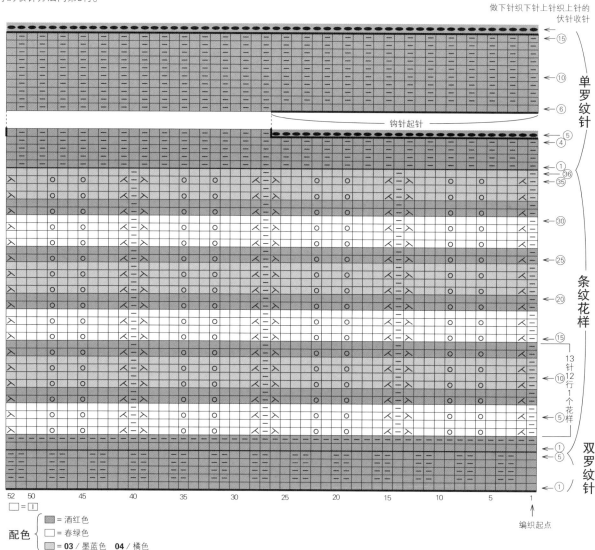

配色 {
= 酒红色
= 春绿色
= **03** /墨蓝色　**04** /橘色
}

□=□

编织起点

材料

手织屋 **06** / e-Wool（long）青色系段染（60）30 克，e-Wool 黄色
（01）5 克；**08** / e-Wool（long）红色系段染（05）30 克，e-Wool
浅绿色（02）5 克

工具 棒针 3 号，钩针 5/0 号（**06** 起针用）

成品尺寸 **06** / 腕围 17 厘米，长 13.5 厘米

08 / 腕围 17 厘米，长 14 厘米

编织密度 10 厘米 ×10 厘米面积内：条纹花样 A　28 针，36.5 行；
条纹花样 B 28 针，48 行

编织要点

· 分别按照扇贝花边和齿状花边起针，按指定的行数分别编织条纹花
样A和条纹花样B。
· 单罗纹针的第1行分散减4针，按指定行数编织，最后一行做下针织
下针上针织上针的伏针收针。

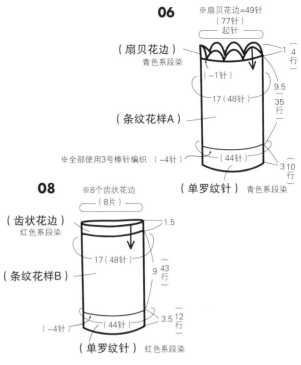

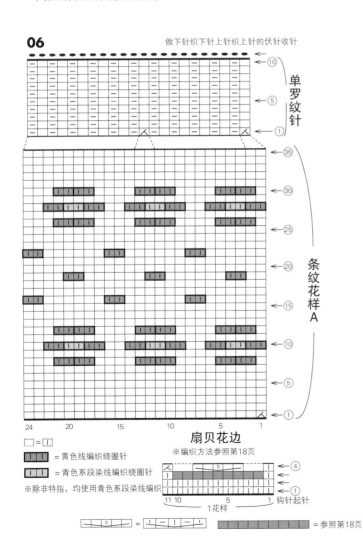

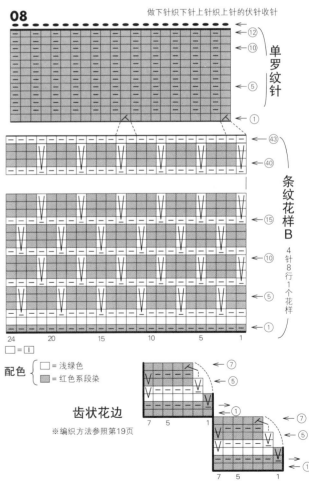

材料

手织屋 e-Wool（long）红色系段染（05）、e-Wool 浅绿色（02）各
45 克

工具 棒针 3 号，钩针 5/0 号（起针用）

成品尺寸 底长 23.5 厘米，高 16.5 厘米

编织密度 10 厘米 × 10 厘米面积内：条纹花样 A、B 均为 28 针，
36.5 行

编织要点

· 使用钩针起针的方法起 88 针，编织扇贝花边。编织方法参照第 18
页。1 个花样减至 7 针，以减针后的 56 针编织 4 行单罗纹针。

· 参照编织图解以条纹花样 A 编织袜筒。花样中的绕圈针的编织方法参
照第 18 页。

· 袜跟处参照图解编织心形袜跟（参照第 24 页）。

· 接下来按平针、条纹花样 B 编织三角裆和足筒。足筒的第 39 行，参照
图解进行减针。

· 袜头编织星形袜头（参照第 46 页）。剩余的针目全部用线穿起来拉
紧（参照第 13 页）。

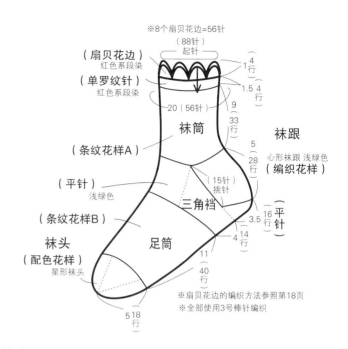

袜头

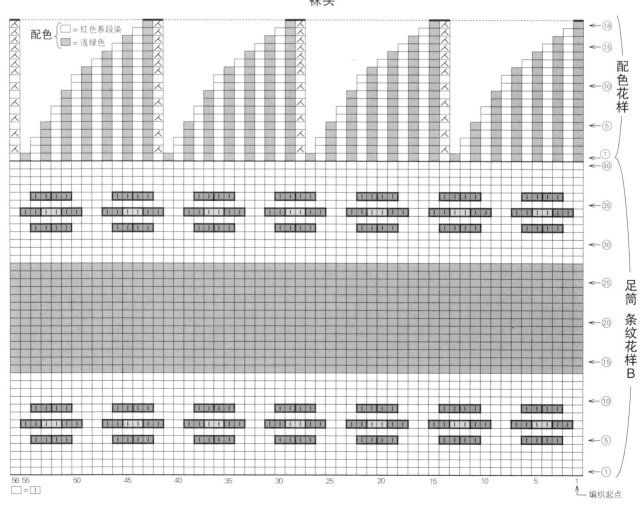

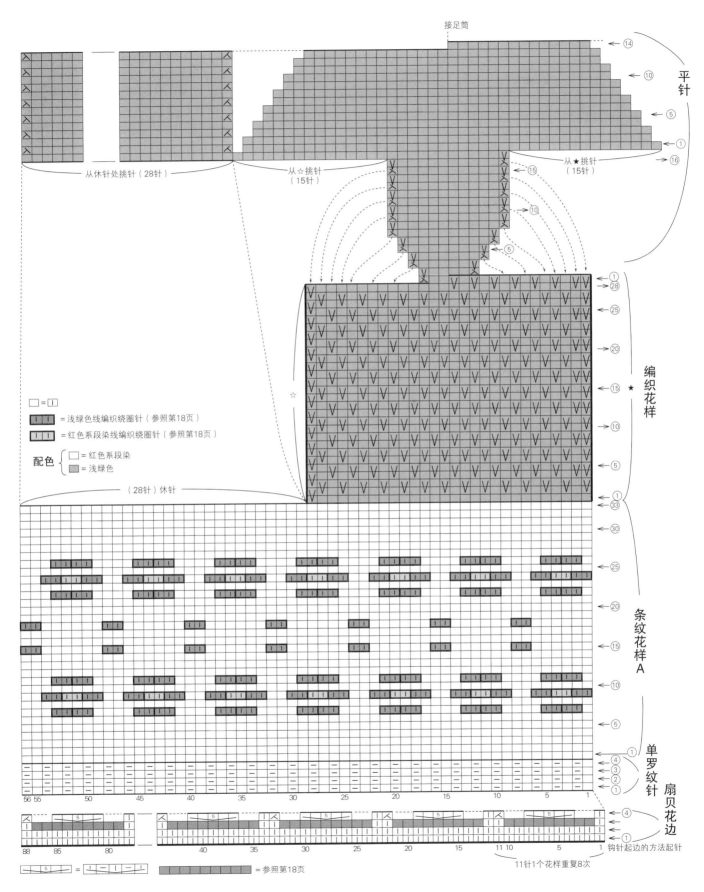

接足筒

平针

从休针处挑针（28针）

从☆挑针
（15针）

从★挑针
（15针）

编织花样

□ = □

= 浅绿色线编织绕圈针（参照第18页）

= 红色系段染线编织绕圈针（参照第18页）

配色 { □ = 红色系段染
       = 浅绿色

（28针）休针

条纹花样A

单罗纹针

扇贝花边

11针1个花样重复8次

钩针起边的方法起针

= 参照第18页

材料

手织屋 e–Wool（long）青色系段染（06）、e–Wool 黄色（01）各 45 克

工具 棒针 3 号

成品尺寸 底长 24 厘米，高 18 厘米

编织密度 10 厘米 ×10 厘米面积内：条纹花样 28 针，46 行

编织要点

· 使用一边编织一边起针的方法起针，编织齿状花边。1个花样在棒针上余6针，重复起9个花样共54针。环形编织，增加2针至56针，编织4行单罗纹针。

· 参照编织图解以条纹花样编织袜筒。

· 袜跟处参照图解编织心形袜跟（参照第24页）。

· 接下来按平针、条纹花样编织三角档和足筒。

· 袜头编织螺旋形袜头（参照第13页）。

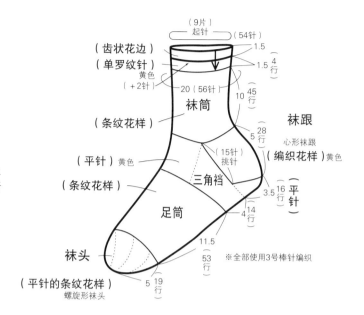

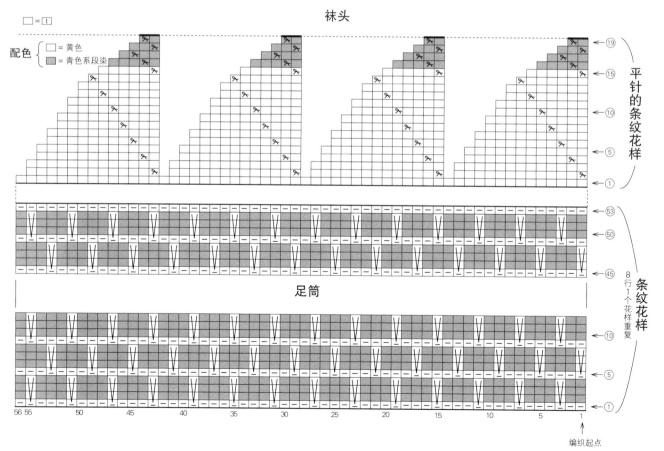

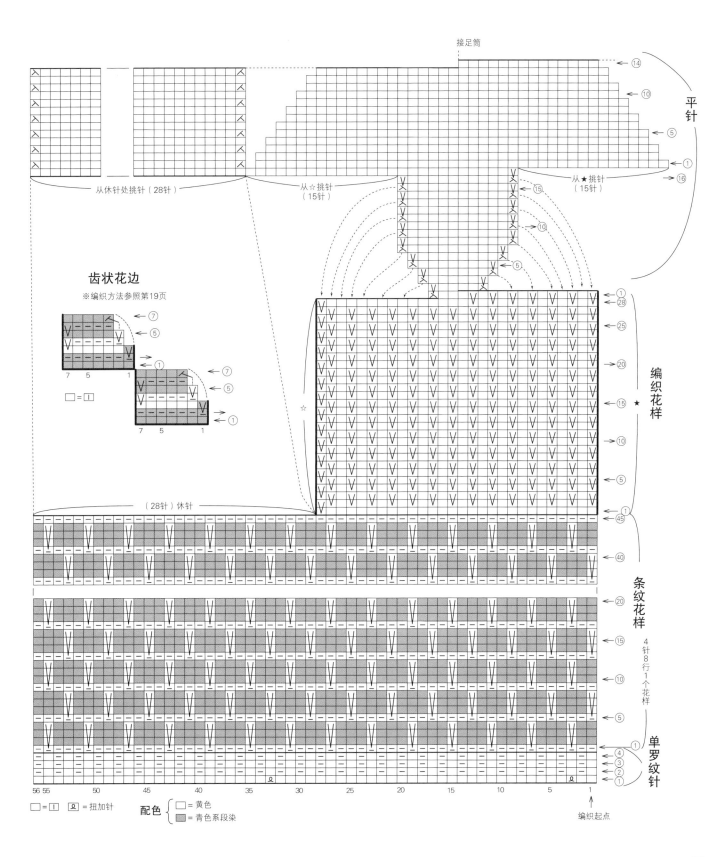

接足筒

平针

从休针处挑针（28针）　　从☆挑针（15针）　　从★挑针（15针）

齿状花边
※编织方法参照第19页

□ = ☐

7　5　1
7　5　1

（28针）休针

编织花样

条纹花样

4针8行1个花样

单罗纹针

56 55　　50　　45　　40　　35　　30　　25　　20　　15　　10　　5　　1

□ = ☐　　요 = 扭加针

配色 { □ = 黄色
　　　 ▨ = 青色系段染 }

编织起点

材料

手织屋 e-Wool 白色（13）45 克，藏蓝色（09）35 克，红色
（04）15 克

工具 棒针 3 号

成品尺寸 底长 24.5 厘米，高 20 厘米

编织密度 10 厘米 ×10 厘米面积内：配色花样 B 28 针，31.5
行

编织要点

· 使用双色起针法①起56针（参照第22页）。
· 从编织单罗纹针开始，继续编织配色花样A和B。
· 袜跟处使用配色花样B和平针编织基赫努袜跟（参照第25页）。
· 和脚背的针数会合，一边编织减针一边编织配色花样B，编织出
  三角裆、足筒。
· 袜头使用平针编织星形袜头（参照第46页）。剩余的针目用线
  穿起来拉紧。

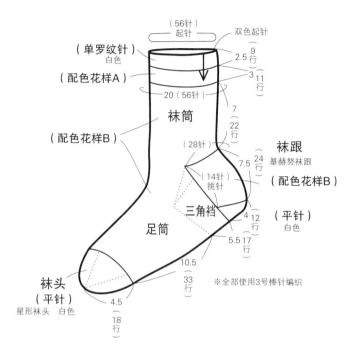

袜头

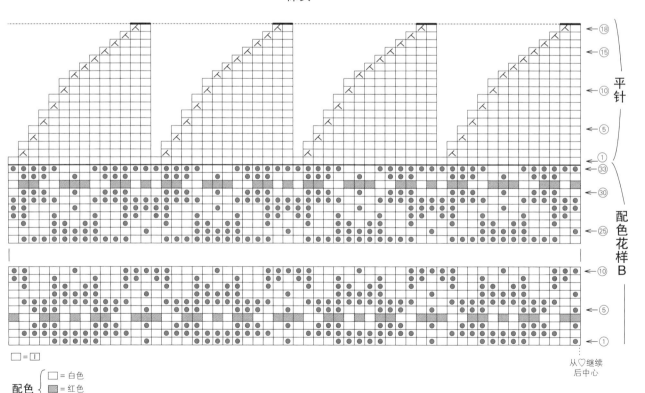

□ = ☐

配色 { □ = 白色
      ▨ = 红色
      ◉ = 藏蓝色 }

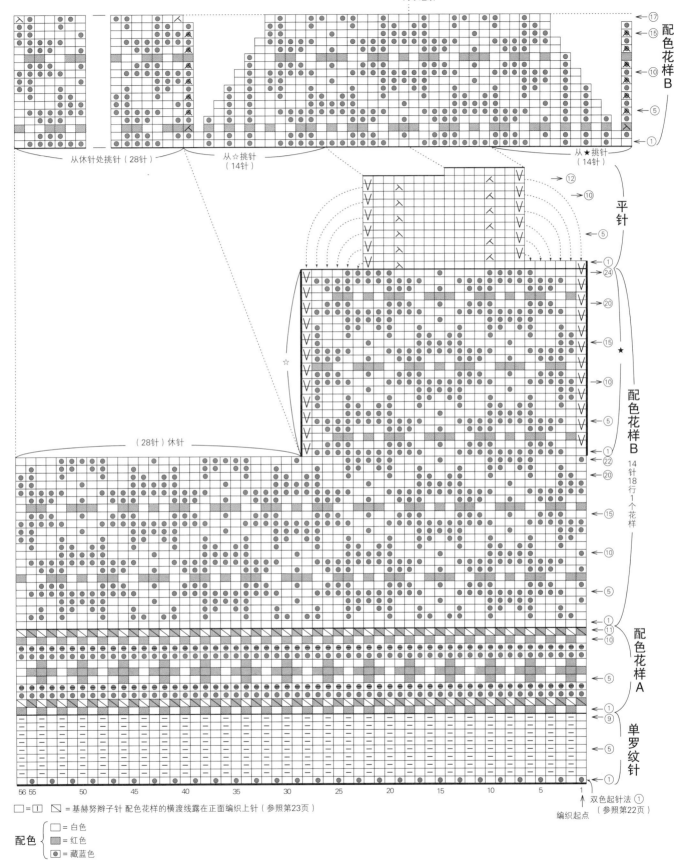

向♡继续

配色花样B

从休针处挑针（28针）　　从☆挑针（14针）　　从★挑针（14针）

平针

配色花样B
14针18行1个花样

（28针）休针

★

☆

配色花样B

配色花样A

单罗纹针

56 55　　50　　45　　40　　35　　30　　25　　20　　15　　10　　5　　1

双色起针法①（参照第22页）

编织起点

□=Ⅰ　ᐟ=基赫努辫子针 配色花样的横渡线露在正面编织上针（参照第23页）

配色 { □=白色
　　　　■=红色
　　　　●=藏蓝色 }

59

材料

手织屋 e-Wool 白色（13）70 克，红色（04）10 克，藏蓝色（09）
5 克

工具 棒针 3 号

成品尺寸 底长 24 厘米，高 20 厘米

编织密度 10 厘米×10 厘米面积内：编织花样、条纹花样均为 29 针，
34.5 行

编织要点

· 使用双色起针法②起 56 针（参照第 22 页）。
· 编织配色花样至第 20 行，在指定位置编织扭加针，继续做编织花样。
· 袜跟处使用编织花样和平针编织基赫努袜跟（参照第 25 页）。
· 和脚背的针数会合，使用条纹花样编织出三角档、足筒。
· 使用平针编织圆形袜头（参照第 46 页）。剩余的针目用线穿起来
  拉紧。

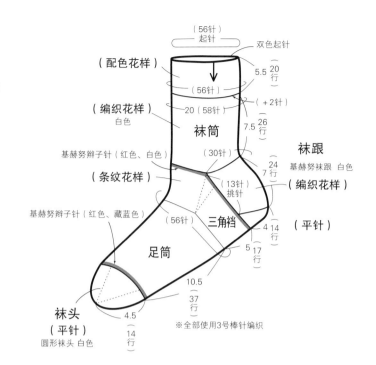

袜头

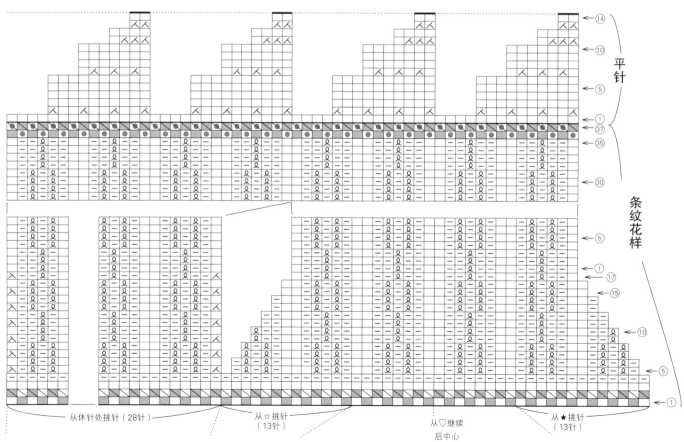

 □=Ⅰ ⊼=基赫努辫子针 配色花样的横渡线露在正面编织上针（参照第 23 页）

配色 { □ = 白色
       ▨ = 红色
       ⊙ = 藏蓝色

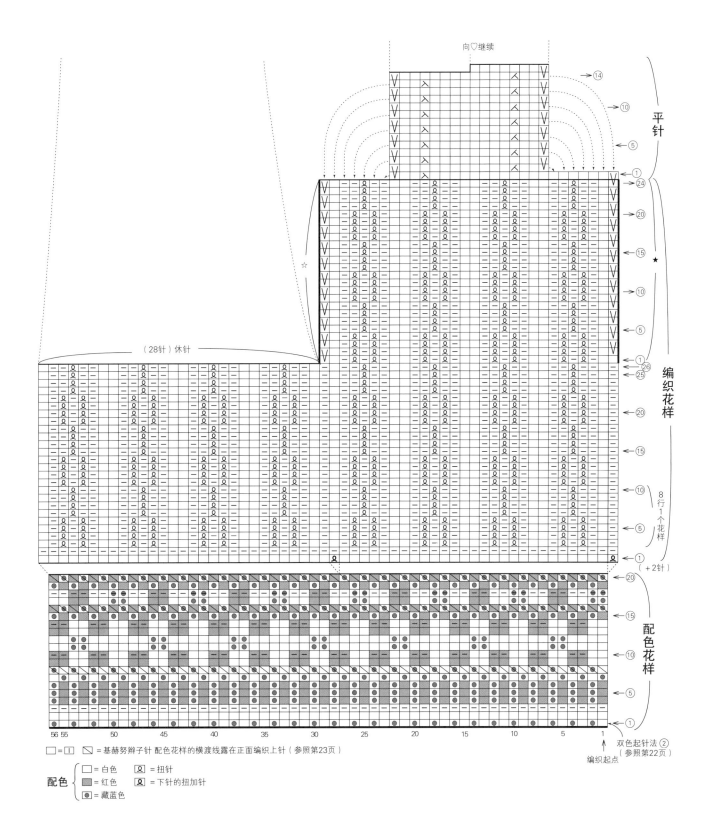

向♡继续

平针

→⑭
→⑩
←⑤
←①
→㉔
→⑳
←⑮ ★
←⑩
←⑤
←①
→㉖
←㉕
←⑳
←⑮
←⑩
←⑤
←①
(+2针)

编织花样

8行1个花样

☆

(28针) 休针

配色花样

←⑳
←⑮
←⑩
←⑤
←①

56 55　　50　　　45　　　40　　　35　　　30　　　25　　　20　　　15　　　10　　　5　　　1

双色起针法②
(参照第22页)
编织起点

□=｜　↘ =基赫努辫子针 配色花样的横渡线露在正面编织上针（参照第23页）

配色 { □=白色　　　Ω=扭针
　　　 ▨=红色　　　Ω=下针的扭加针
　　　 ◉=藏蓝色

材料

和麻纳卡 EXCEED WOOL FL（粗） **11**／黑色（230）、灰色（237）
各45克；**12**／黑色（230）45g，灰色（237）40g

工具 棒针2号，钩针4/0号（起针用）

成品尺寸 底长23.5厘米，高18厘米

编织密度 10厘米×10厘米面积内：配色花样29.5针，35.5行

编织要点

· 使用钩针起针的方法起60针，再编织双罗纹针至第5行。

· 袜筒参照符号图编织配色花样41行。休针，袜跟处的31针用另线编织，织完后再移回左棒针。

· 用之前的编织线编织足筒48行。参照符号图编织圆形袜头（参照第46页）。剩余的针目全部用线穿起来拉紧（参照第13页）。

· 编织事后袜跟（参照第31页）。拆除另线挑针，参照符号图编织平针，编织终点做平针接合。

袜跟

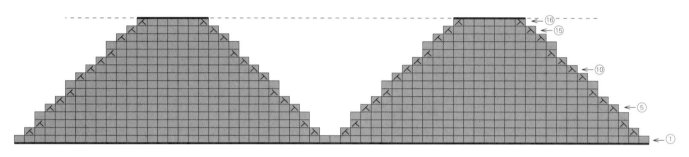

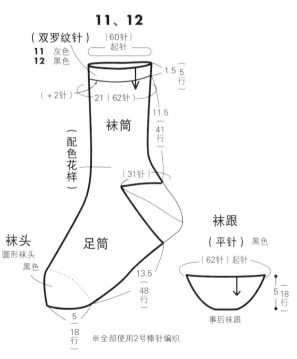

12 配色花样 ※减针方法同第63页的符号图

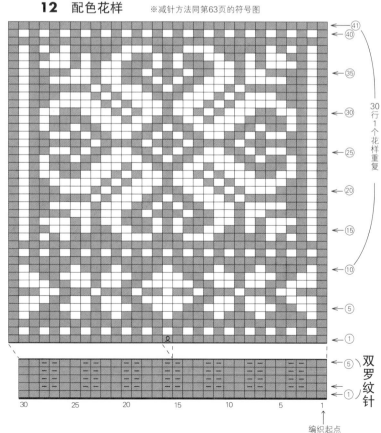

← ⑱
← ⑮
← ⑩
← ⑤
← ①
← ㊽
← ㊺
← ㊵
← ㉟
← ㉝
← ⑱
← ⑮
← ⑩
← ⑤
← ①
← ㊶
← ㊵
← ㉟
← ㉚
← ㉕
← ⑳
← ⑮
← ⑩
← ⑤
← ①
← ⑤
← ①

配色花样

30行1个花样重复

双罗纹针

60　　55　　50　　45　　40　　35　　30　　25　　20　　15　　10　　5　　1

□ = □

⚲ = 扭加针

配色 { ▨ = 黑色　□ = 灰色 }

编织起点

63

材料

和麻纳卡 EXCEED WOOL FL（粗） **13、14**相同／黑色（230）、灰色（237）各20克

工具 棒针2号，钩针4/0号（起针用）

成品尺寸 手腕围19厘米，长15.5厘米

编织密度 10厘米×10厘米面积内：配色花样29.5针，35.5行

编织要点

· 使用钩针起针的方法起52针，再编织双罗纹针的条纹花样至第16行。
· 参照符号图一边编织拇指的加针，一边编织配色花样。第23行在指定位置休13针，下一圈先编织5针卷加针再连起来编织。编织10行。
· 最后增加2针，继续编织配色花样的双罗纹针。最后一行做下针织下针上针织上针的伏针收针。
· 拇指从休针和卷加针位置挑针，编织6行单罗纹针，编织终点的收针方法和手掌相同。

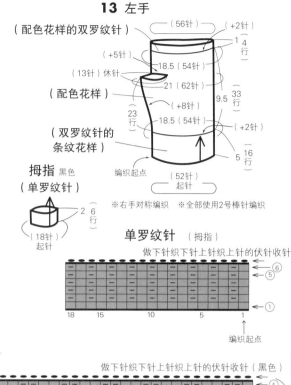

13 左手
（配色花样的双罗纹针）
（56针）（+2针）
1、4行
（+5针）
18.5（54针）
（13针）休针
21（62针）
9.5 33行
（配色花样）
（+8针）
23行
18.5（54针）（+2针）
（双罗纹针的条纹花样）
5 16行
编织起点
（52针）起针
拇指 黑色
（单罗纹针）
※右手对称编织 ※全部使用2号棒针编织

单罗纹针（拇指）

做下针织下针上针织上针的伏针收针

2 6行
（18针）起针
18 15 10 5 1
编织起点

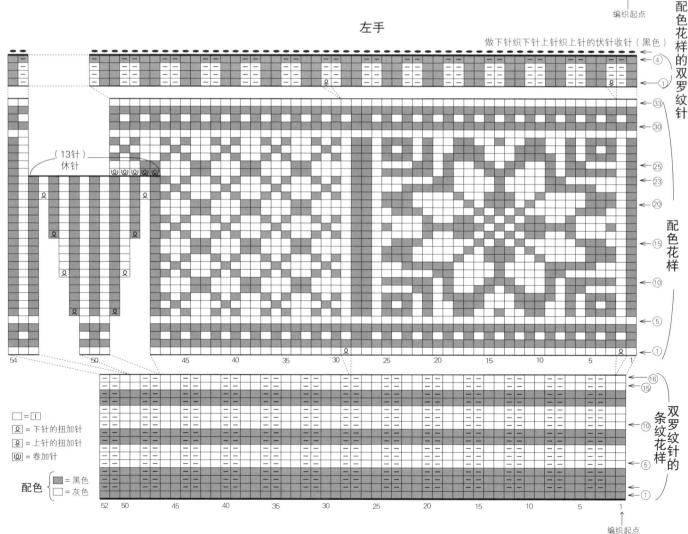

左手

做下针织下针上针织上针的伏针收针（黑色）

配色花样的双罗纹针

（13针）休针

配色花样

双罗纹针的条纹花样

□ = 〡
요 = 下针的扭加针
요 = 上针的扭加针
ｗ = 卷加针

配色 ▨ = 黑色
□ = 灰色

编织起点

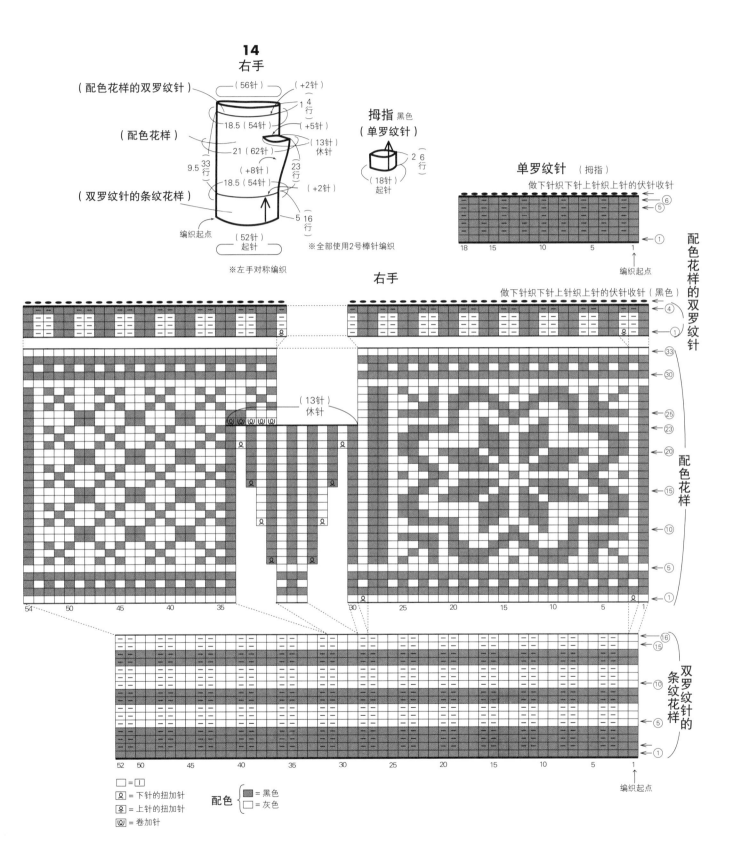

14
右手

（配色花样的双罗纹针）
（配色花样）
（双罗纹针的条纹花样）

（56针）　（+2针）
1　4行
18.5（54针）　　（+5针）
21（62针）　　（13针）休针
9.5　33行
（+8针）　　23行
18.5（54针）　　（+2针）
5　16行
编织起点
（52针）起针

拇指 黑色
（单罗纹针）
2　6行
（18针）起针

※全部使用2号棒针编织
※左手对称编织

单罗纹针　（拇指）
做下针织下针上针织上针的伏针收针
⑥
⑤
①
18　15　10　5　1
编织起点

配色花样的双罗纹针

右手

做下针织下针上针织上针的伏针收针（黑色）
④
①
㉝
㉚
㉕
㉓
（13针）休针
⑳
⑮
⑩
⑤
①
54　50　45　40　35
30　25　20　15　10　5　1

配色花样

双罗纹针的条纹花样

⑯
⑮
⑩
⑤
①
52　50　45　40　35　30　25　20　15　10　5　1
编织起点

□ = 下针
Ω = 下针的扭加针
Ω = 上针的扭加针
⑩ = 卷加针

配色 { ■ = 黑色　□ = 灰色

材料

和麻纳卡 EXCEED WOOL FL（粗）黑色（230）、白色（201）各 20 克

工具 棒针 2 号，钩针 4/0 号（起针用）

成品尺寸 手腕围 18.5 厘米，长 15.5 厘米

编织密度 10 厘米 ×10 厘米面积内：配色花样 29.5 针，35.5 行

编织要点

· 使用钩针起针的方法起52针，再编织双罗纹针的条纹花样至第16行。
· 参照符号图加2针，编织配色花样33行。
· 加2针至56针，编织双罗纹针，最后一行做下针织下针上针织上针的伏针收针。

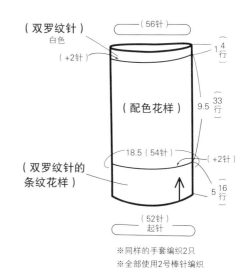

※同样的手套编织2只
※全部使用2号棒针编织

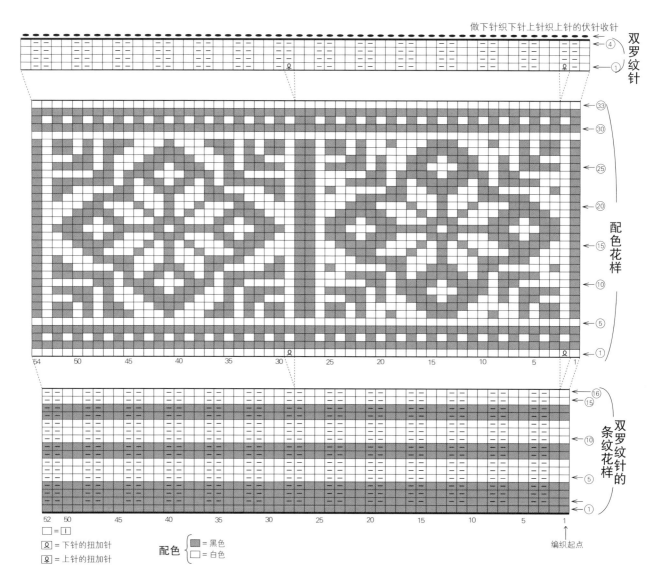

□ = 工
요 = 下针的扭加针
요 = 上针的扭加针

配色 {■ = 黑色
　　　□ = 白色

材料

和麻纳卡 KORPOKKUR **16** / 深紫色（9）50克，KORPOKKUR MULTI COLOR 青绿色、黄绿色、橘色、胭脂红系段染（109）30克；**17** / 黑色（18）45克，KORPOKKUR MULTI COLOR 芥末黄色、灰色、茶色系段染（103）35克

工具 棒针2号，钩针4/0号（起针用）

成品尺寸 底长23厘米，高14.5厘米

编织密度 10厘米×10厘米面积内：配色花样32针，35.5行

编织要点

- 使用钩针起针的方法起64针，编织1行上针，再编织5行配色花样的双罗纹针。
- 继续按指定行数编织配色花样。
- 参照符号图编织简易袜跟（参照第30页），然后继续编织足筒的配色花样。
- 袜头的配色花样延续足筒的配色花样，结构为扁平袜头（参照46页）。最后一行使用平针接合。

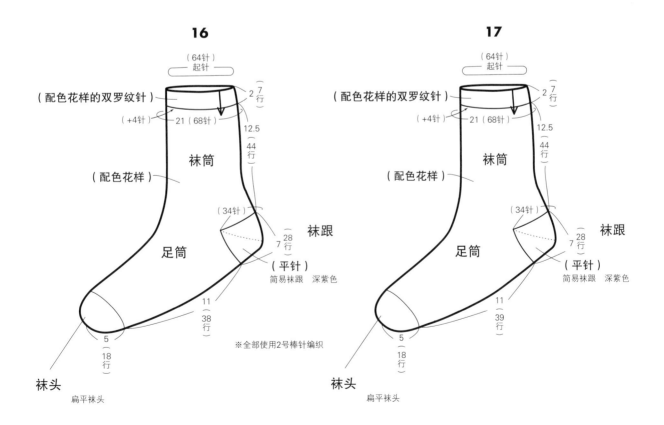

16

（64针）
起针

（配色花样的双罗纹针） 2 / 7行

（+4针）— 21（68针）

12.5（44行）

袜筒

（配色花样）

（34针）

足筒

袜跟

28 / 7行

（平针）
简易袜跟 深紫色

11（38行）

5（18行）

袜头
扁平袜头

17

（64针）
起针

（配色花样的双罗纹针） 2 / 7行

（+4针）— 21（68针）

12.5（44行）

袜筒

（配色花样）

（34针）

足筒

袜跟

28 / 7行

（平针）
简易袜跟 深紫色

11（39行）

5（18行）

袜头
扁平袜头

※全部使用2号棒针编织

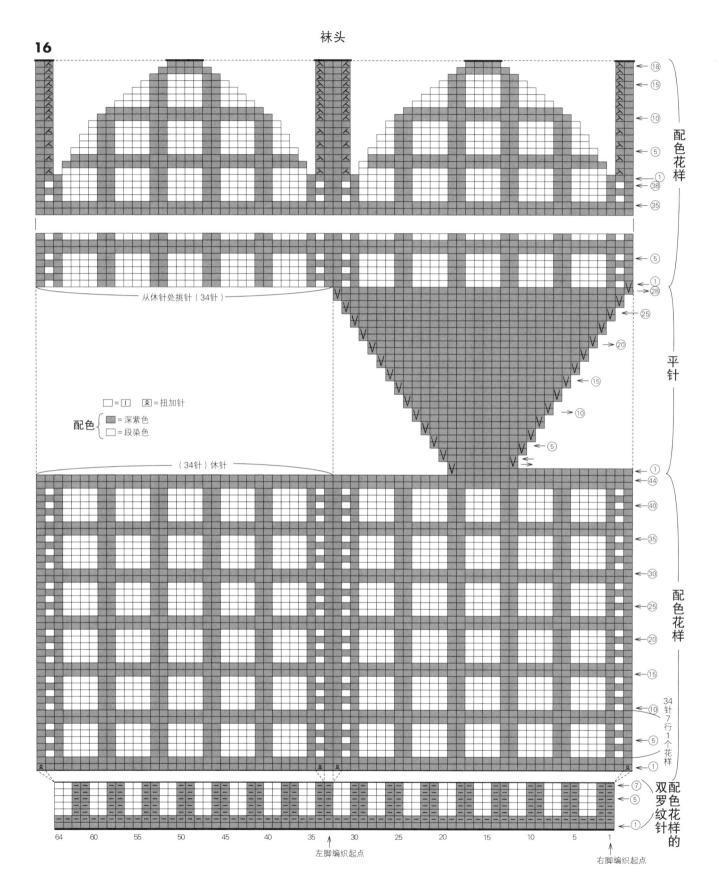

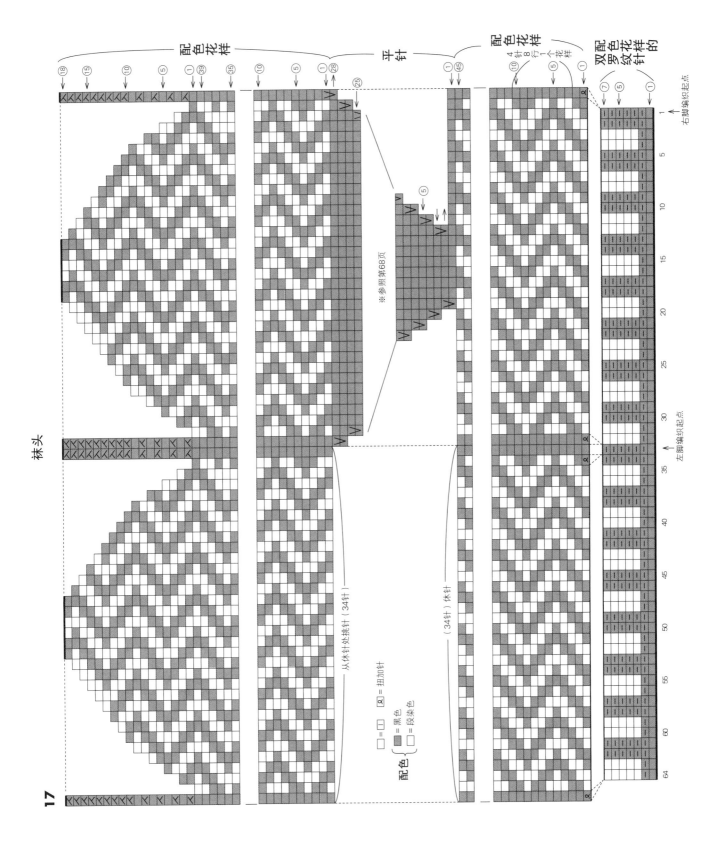

袜头

17

配色花样

平针

配色花样

双配色罗纹花样的针

右脚编织起点

左脚编织起点

参照第68页

从休针处挑针（34针）

（34针）休针

配色 { □ = □ = 黑色
□ = 段染色 }
⊠ = 扭加针

材料

手织屋 e-Wool **18**／红色（04）80克，黄绿色（02）、橘色（05）
各10克，**19**／藏蓝色（09）80克，黄色（01）、绿色（03）各10克

工具 棒针3号，钩针5/0号（起针用）

成品尺寸 底长22.4厘米，高18厘米

编织密度 10厘米×10厘米面积内：配色花样A、A'、B、B'均为
28针，36.5行

编织要点

· 使用钩针起针的方法起56针，编织双罗纹针。
· 袜筒参照图解编织配色花样A、A'。
· 袜跟处编织法式袜跟（参照第30页）。
· 三角档和足筒继续编织配色花样B、B'。
· 袜头编织成穆胡袜头（参照第47页）。剩余的针目全部用线穿起来
拉紧。

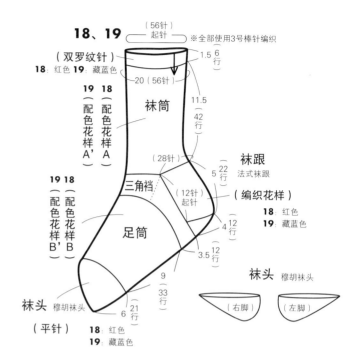

▶左脚的袜头见第72页

右脚的袜头

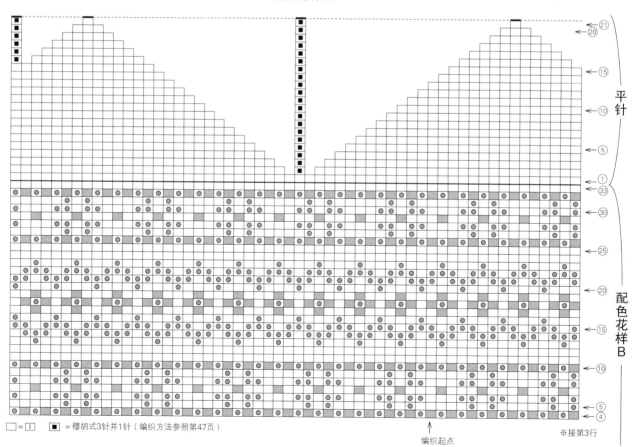

□=□ ■=穆胡式3针并1针（编织方法参照第47页）

↑
编织起点

※接第3行

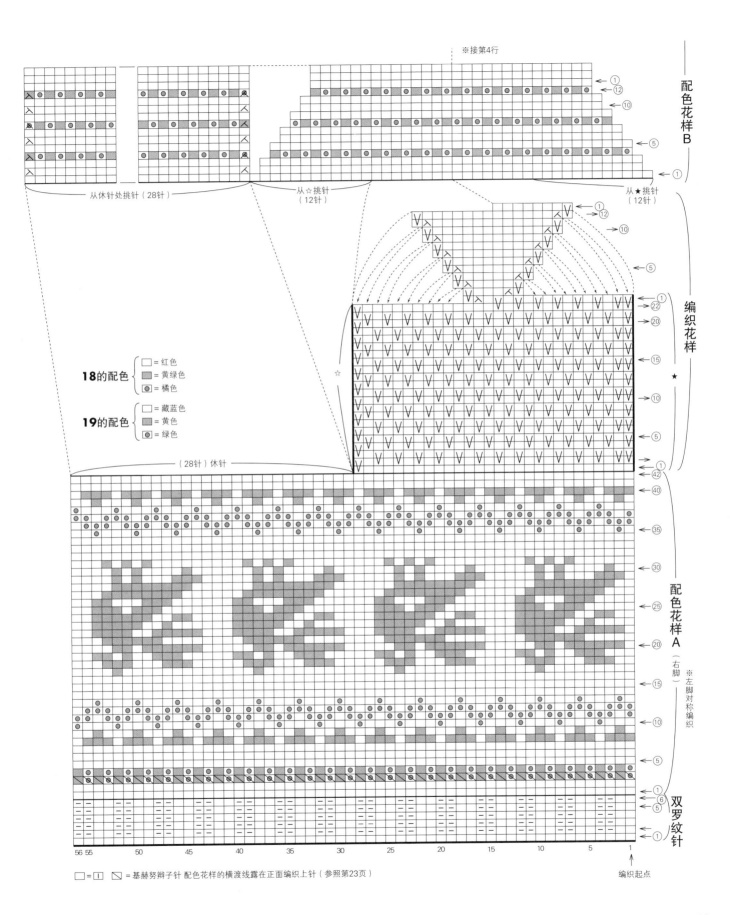

※接第4行

配色花样B

从休针处挑针（28针）　　从☆挑针
　　　　　　　　　　　（12针）

从★挑针
（12针）

编织花样

18的配色 { □ = 红色　■ = 黄绿色　● = 橘色 }

19的配色 { □ = 藏蓝色　■ = 黄色　● = 绿色 }

☆

★

（28针）休针

配色花样A

（右脚）　※左脚对称编织

双罗纹针

56 55　　50　　45　　40　　35　　30　　25　　20　　15　　10　　5　　1

编织起点

□ = □　⟍ = 基赫努辫子针 配色花样的横渡线露在正面编织上针（参照第23页）

19　左脚的袜头

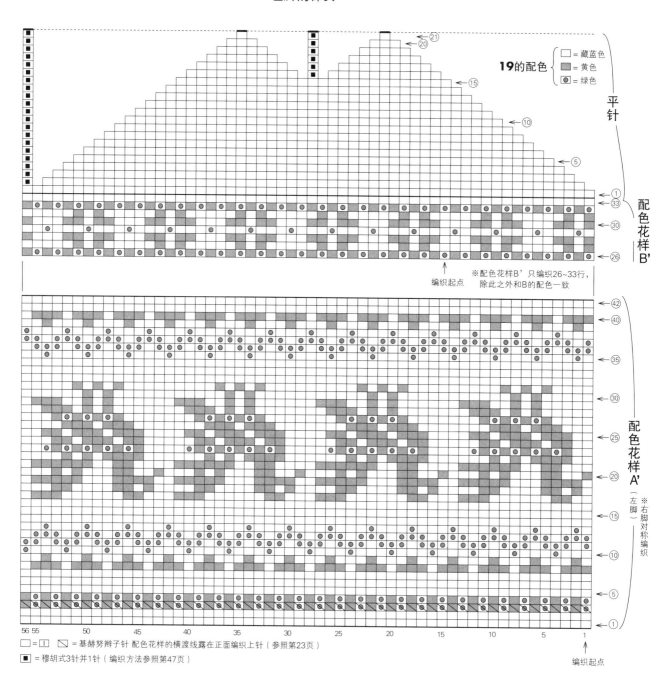

19的配色 ⎰ □ = 藏蓝色
　　　　 ⎱ ▨ = 黄色
　　　　 ⎰ ⊙ = 绿色

平针

配色花样 B'

※配色花样B'只编织26~33行，
　除此之外和B的配色一致

编织起点

配色花样 A'
（左脚）
※右脚对称编织

56 55　　50　　45　　40　　35　　30　　25　　20　　15　　10　　5　　1

□ = ⊡　◨ = 基赫努辫子针 配色花样的横渡线露在正面编织上针（参照第23页）
■ = 穆胡式3针并1针（编织方法参照第47页）

编织起点

72

p.34 ‖ **20** 穆胡袜跟的棋盘格袜子

材料

和麻纳卡 Amerry F（粗）自然白色（501）25 克，深红色（508）、鹦鹉绿色（516）各 20 克

工具 棒针 2 号，钩针 4/0 号（起针用）

成品尺寸 底长 25 厘米，高 16 厘米

编织密度 10 厘米 ×10 厘米面积内：配色花样 B 31.5 针，37 行

编织要点

· 使用钩针起针的方法起60针，然后编织配色花样A、B。
· 袜跟处按配色花样C编织穆胡袜跟（参照第37页）。
· 足筒继续编织配色花样B。
· 袜头编织成扁平袜头（参照第46页）。剩余的针目使用绿色线做平针接合。

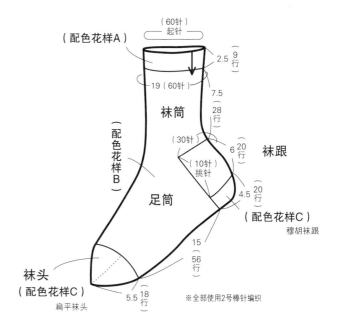

袜头

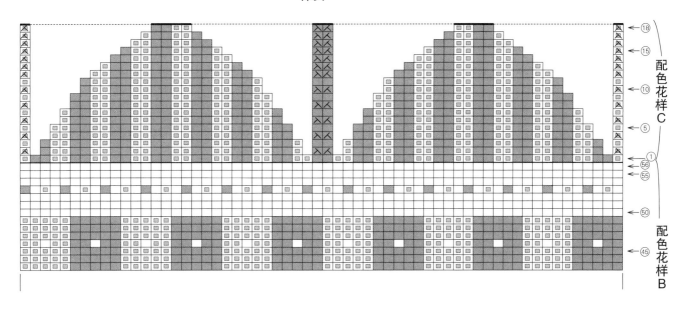

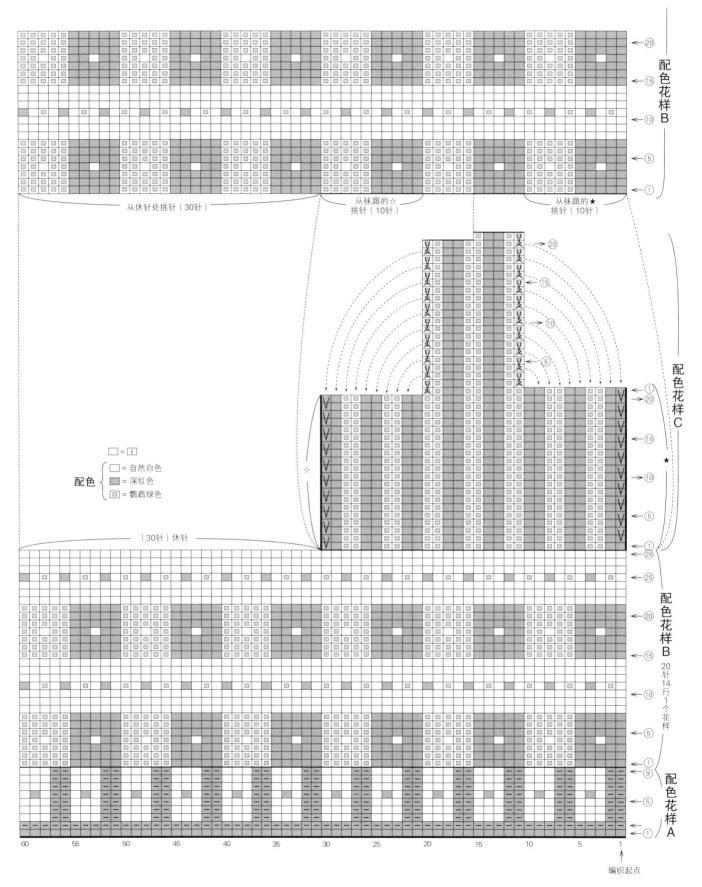

配色花样B

从休针处挑针（30针）　　从袜跟的☆挑针（10针）　　从袜跟的★挑针（10针）

配色花样C

配色
□ = Ⅰ
□ = 自然白色
□ = 深红色
□ = 鹦鹉绿色

（30针）休针

☆　　★

配色花样B

20针14行1个花样

配色花样A

编织起点

材料

和麻纳卡 EXCEED WOOL FL（粗）苔绿色（221）45 克，草绿色（246）45 克

工具 棒针 3 号，钩针 5/0 号（起针用）

成品尺寸 底长 23.5 厘米，高 19.5 厘米

编织密度 10 厘米 ×10 厘米面积内：配色花样 B 30 针，32 行

编织要点

· 使用钩针起针的方法起60针，编织配色花样A、B。
· 袜跟处按编织花样编织穆胡袜跟（参照第37页）。
· 足筒继续编织配色花样B。
· 袜头编织成星形袜头（参照第46页）。剩余的针目全部用线穿起来拉紧（参照第13页）。

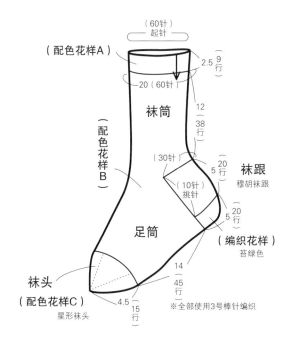

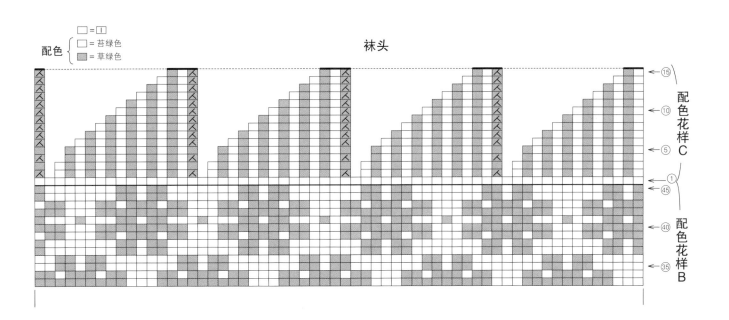

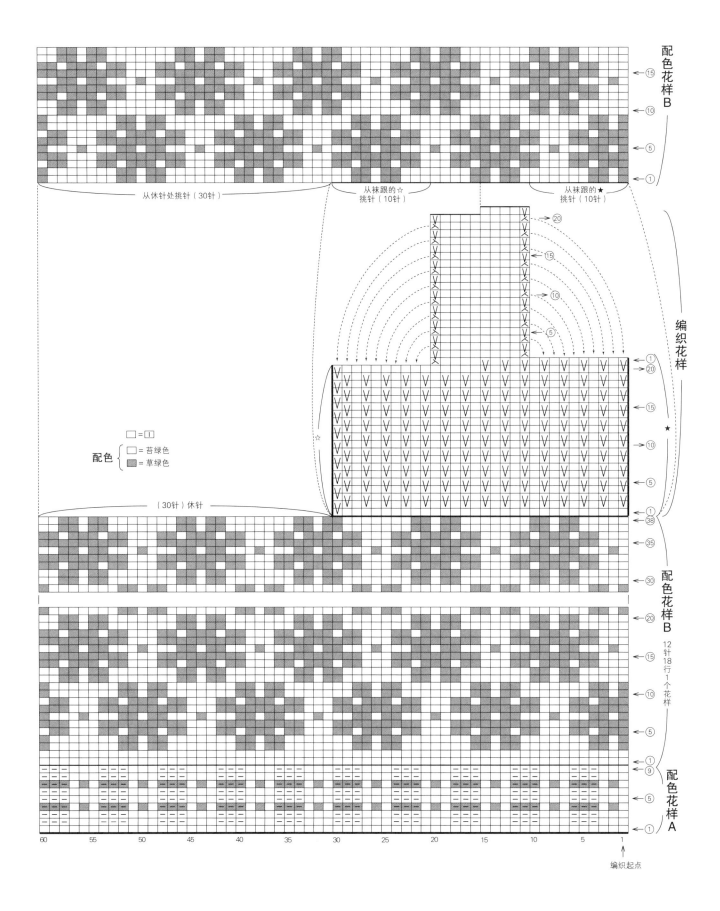

配色花样B

从休针处挑针（30针）　　　从袜跟的☆挑针（10针）　　　从袜跟的★挑针（10针）

编织花样

☆

配色 { □ = 苔绿色　■ = 草绿色 }

□ = □ i

（30针）休针

配色花样B

配色花样B

12针18行1个花样

配色花样A

编织起点

22 浮雕麻花花样袜子

材料

和麻纳卡 Amerry F（粗）自然白色（501）60 克，海军蓝色（514）5 克

工具 棒针 2 号，钩针 4/0 号（起针用）

成品尺寸 底长 23.5 厘米，高 20 厘米

编织密度 10 厘米 × 10 厘米面积内：编织花样 B 31.5 针，41.5 行

编织要点

· 使用钩针起针的方法起 60 针，按编织花样 A、B 编织。
· 袜跟处按编织花样 B 编织楔形袜跟（参照第 36 页）。
· 足筒继续按编织花样 B 和平针编织。
· 袜头编织成扁平袜头（参照第 46 页）。剩余的针目做平针接合。

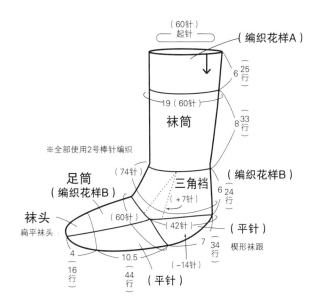

袜筒

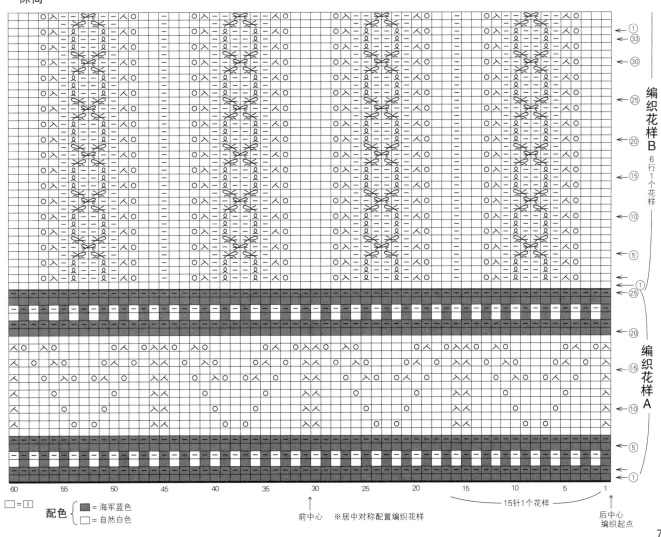

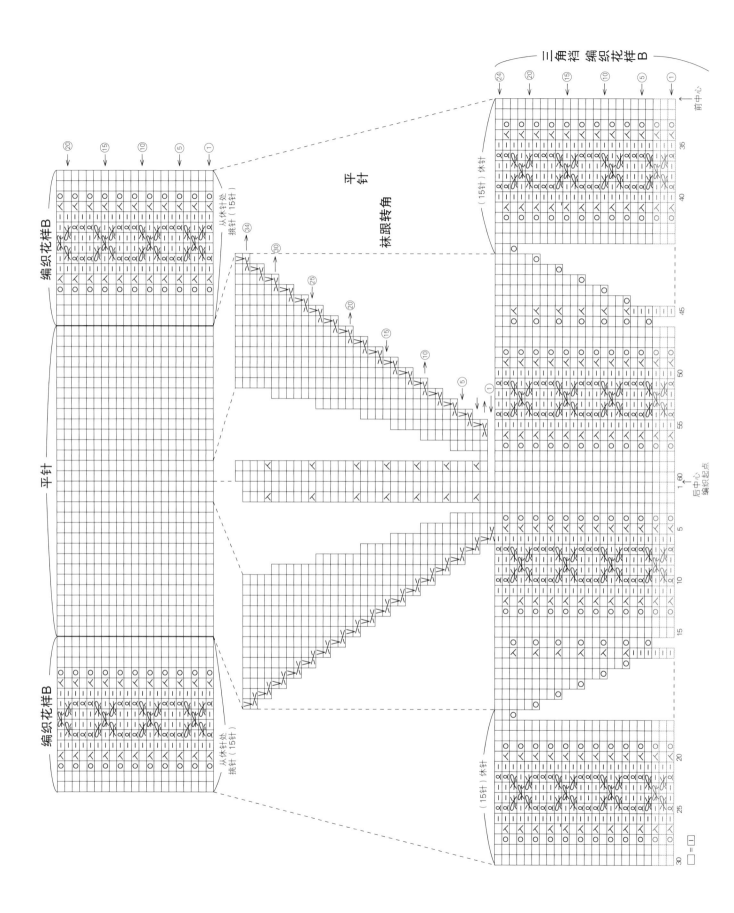

三角裆 编织花样B

编织花样B

平针

袜跟转角

平针

从休针处
挑针（15针）

从休针处
挑针（15针）

（15针）休针

（15针）休针

前中心

后中心
编织起点

□ = □ 1针

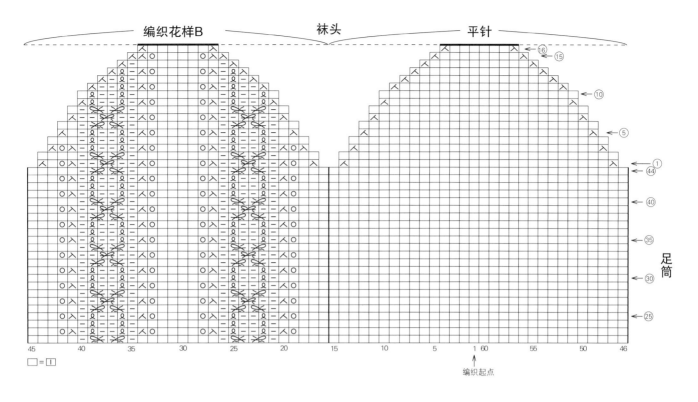

編織花樣B　　　襪頭　　　平針

□ = ①

▶接第 81 页，作品 **23** 的后续编织方法

襪頭

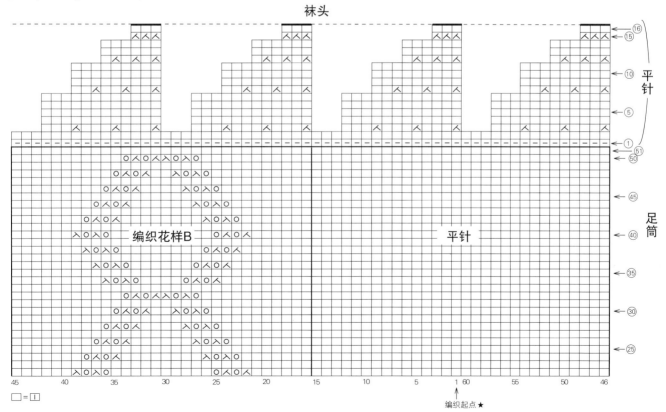

編織花樣B　　　平針

平針

足筒

□ = ①

编织起点★

23 玫瑰图案的提花袜子

材料

和麻纳卡 Amerry F（粗）自然白色（501）60克，深红色（508）10克，薰衣草蓝色（513）5克

工具 棒针2号，钩针4/0号（起针用）

成品尺寸 底长23.5厘米，高20厘米

编织密度 10厘米×10厘米面积内：平针、配色花样、编织花样B均为31.5针，40行

编织要点

· 使用钩针起针的方法起60针，袜筒参照图解编织条纹花样A、配色花样。
· 袜跟处按编织花样B编织楔形袜跟（参照第36页）。
· 足筒按照编织花样B和平针编织。
· 袜头编织成圆形袜头（参照第46页）。剩余的针目全部用线穿起来拉紧（参照第13页）。

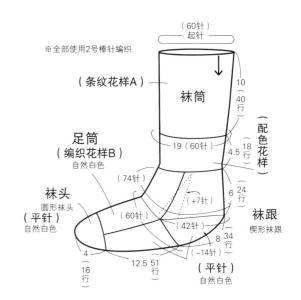

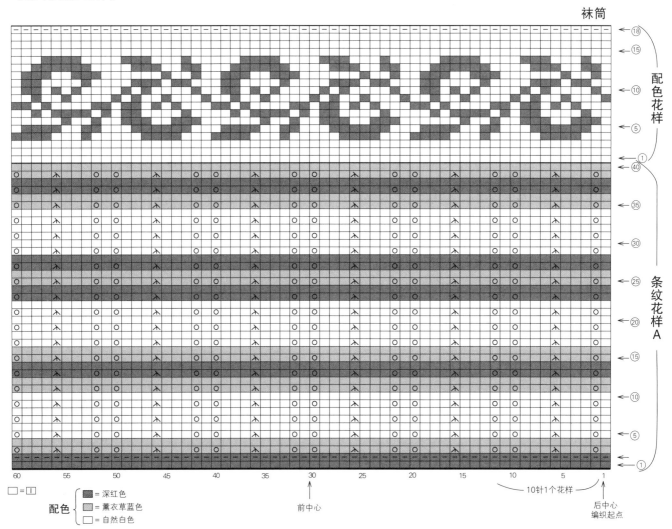

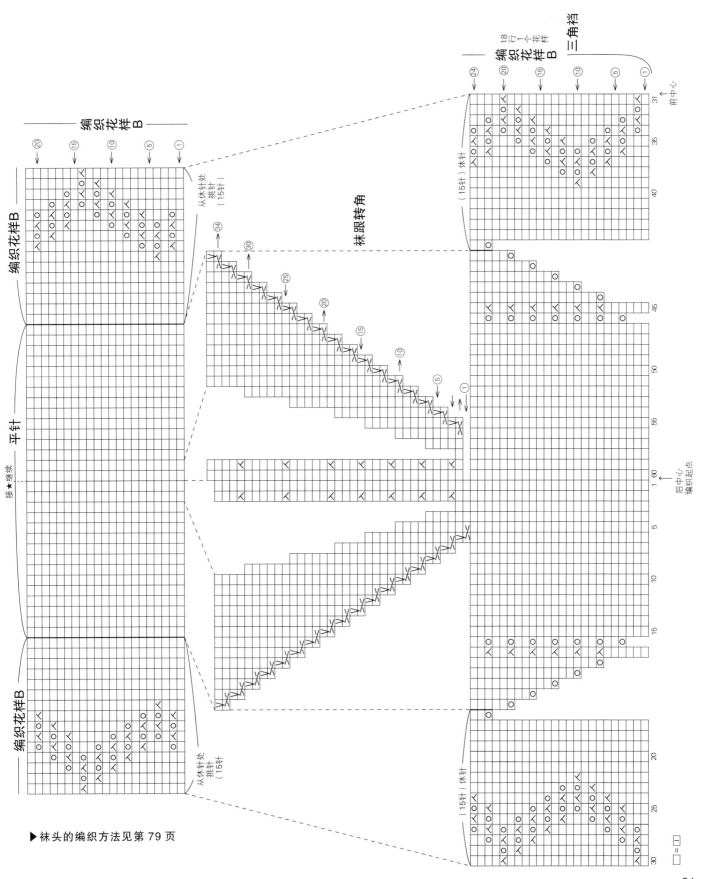

編織花樣B

編織花樣B

編織花樣B

平針

接★繼續

編織花樣B

編織花樣B

三角襠

18行1個花樣

襪跟轉角

從休針處挑針（15針）

從休針處挑針（15針）

（15針）休針

（15針）休針

前中心

後中心 編織起點

編織起點

▶襪頭的編織方法見第79頁

□ = □

材料

和麻纳卡 Aran Tweed **24**／灰调黄绿色（15）45克，粉色（5）25
克；**25**／粉色（5）45克，灰调黄绿色（15）25克

工具 棒针5号

成品尺寸 底长23.5厘米，高7.5厘米

编织密度 10厘米×10厘米面积内：条纹花样20针，34行

编织要点

· 另线锁针起针起44针，从三角裆开始编织。参照图解按编织花样
A、B作三角裆的加针，编织21行。

· 用平针的条纹花样编织楔形袜跟，足筒按条纹花样编织。

· 袜头编织成圆形袜头（参照第46页）。剩余的针目全部用线穿起来
拉紧（参照第13页）。

· 将起针行的锁针拆除，挑针编织双层基赫努辫子针（参照第23
页）。按照双层基赫努辫子针的要领编织伏针。

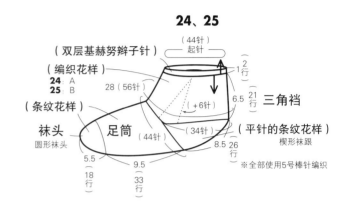

24、25

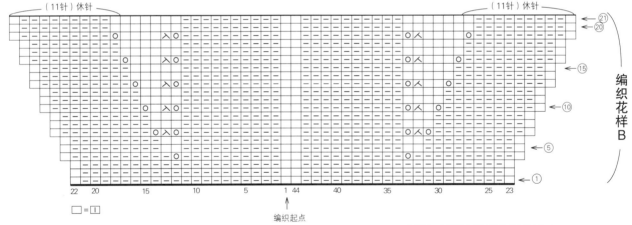

25 三角裆 ※除三角裆之外同作品**24**

编织花样B

□=Ⅰ

编织起点

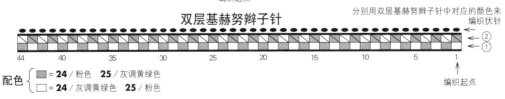

双层基赫努辫子针

分别用双层基赫努辫子针中对应的颜色来
编织伏针

配色 ┌ ▨ = **24**／粉色 **25**／灰调黄绿色
    └ □ = **24**／灰调黄绿色 **25**／粉色

◩ = 双层基赫努辫子针 配色花样的横渡线露在正面编织上针（参照第23页）

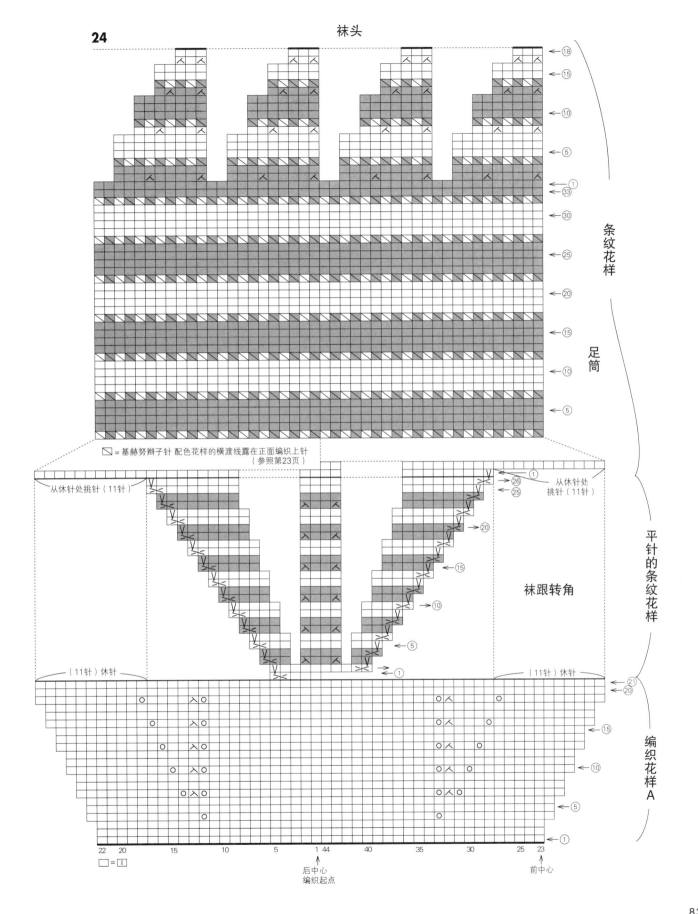

材料

和麻纳卡 Aran Tweed **26** / 奶油色（19）55克，红豆色（14）35克；
27 / 红豆色（14）55克，奶油色（15）35克

工具 棒针 5 号

成品尺寸 底长 24.5 厘米，高 8.5 厘米

编织密度 10 厘米 ×10 厘米面积内：条纹花样 20 针，34 行

编织要点

· 另线锁针起针起44针，参照图解按编织花样作三角裆的加针，编织21行。
· 按平针的条纹花样编织楔形袜跟，足筒按条纹花样编织。
· 袜头编织成圆形袜头（参照第46页）。剩余的针目全部用线穿起来拉紧（参照第13页）。
· 将起针行的锁针拆除，挑针编织边缘花样。边缘编织圈圈针（参照第45页）及双层基赫努辫子针（参照第23针），双层基赫努辫子针的第2行编织伏针。

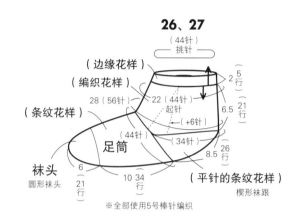

袜头

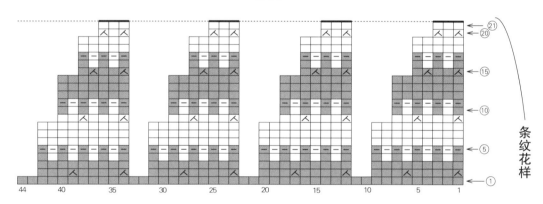

条纹花样

边缘花样

分别用双层基赫努辫子针中对应的颜色来编织伏针

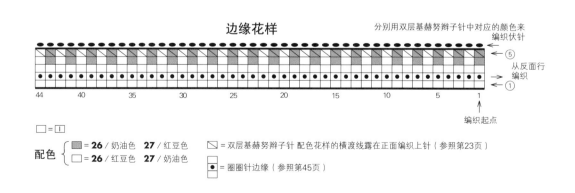

□ = □

配色 { ▨ = **26** / 奶油色　**27** / 红豆色
　　　 □ = **26** / 红豆色　**27** / 奶油色

◩ = 双层基赫努辫子针 配色花样的横渡线露在正面编织上针（参照第23页）

◉ = 圈圈针边缘（参照第45页）

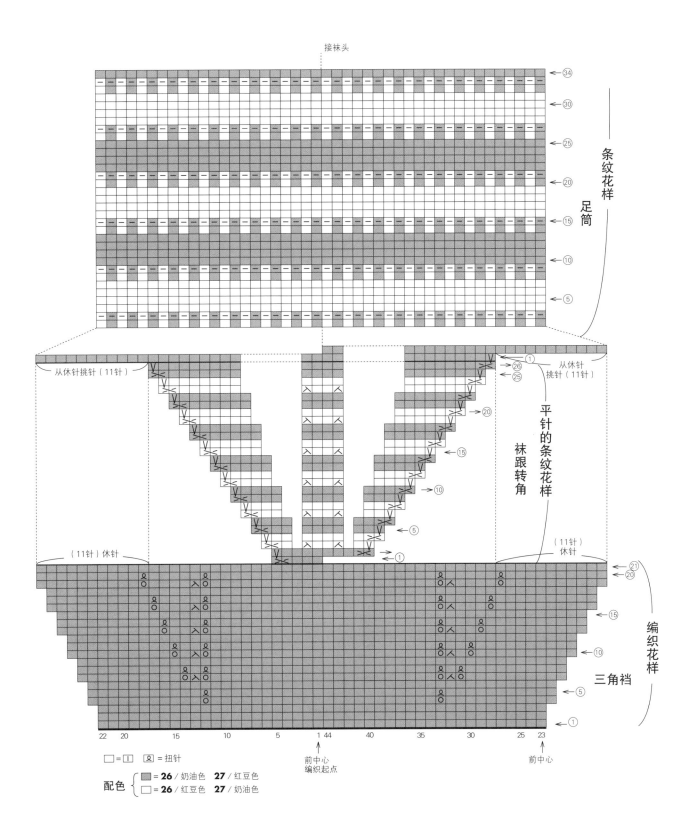

接袜头

34 ←
30 ←
25 ←
20 ←
15 ←
10 ←
5 ←

条纹花样

足筒

从休针挑针（11针）

① →
26 ←
25 ←
20 →
15 ←
10 →
5 ←
① →

从休针
挑针（11针）

平针的条纹花样

袜跟转角

（11针）休针

（11针）
休针

21 ←
20 ←
15 ←
10 ←
5 ←
① ←

编织花样

三角档

22 20   15   10   5   1 44   40   35   30   25 23

□ = □ = 扭针

前中心
编织起点

前中心

配色 ⎰ ■ = **26** / 奶油色   **27** / 红豆色
　　 ⎱ □ = **26** / 红豆色   **27** / 奶油色

材料

手织屋 Östergötlan Karamell 驼色、浅粉色段染（13）100 克

工具 棒针 3 号，钩针 4/0 号（起针用）

成品尺寸 底长 23 厘米，高 35.5 厘米

编织密度 10 厘米 ×10 厘米面积内：编织花样 A 31 针，36 行；平针、编织花样 B 均为 28 针，40 行

编织要点

· 使用钩针起针的方法起70针，编织8行单罗纹针。
· 按照符号图在第1行做平均加针，将袜筒前侧分配4组编织花样A，余下的针目编织单罗纹针。后中心在编织过程中发生减针。
· 编织平针的楔形袜跟，足筒作编织花样B。
· 袜头编织成螺旋形袜头，剩余的针目全部用线穿起来拉紧（参照第13页）。

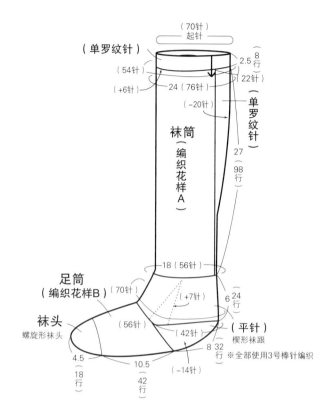

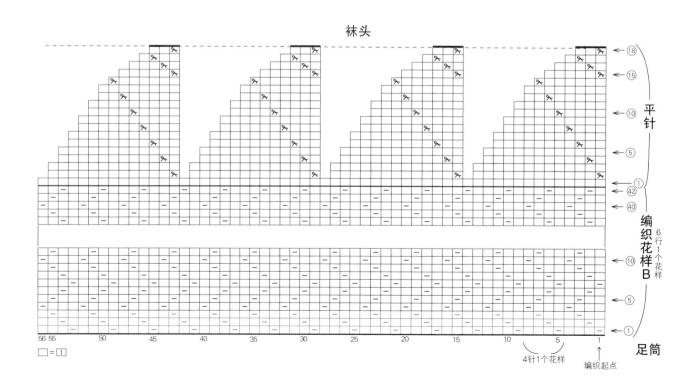

袜筒

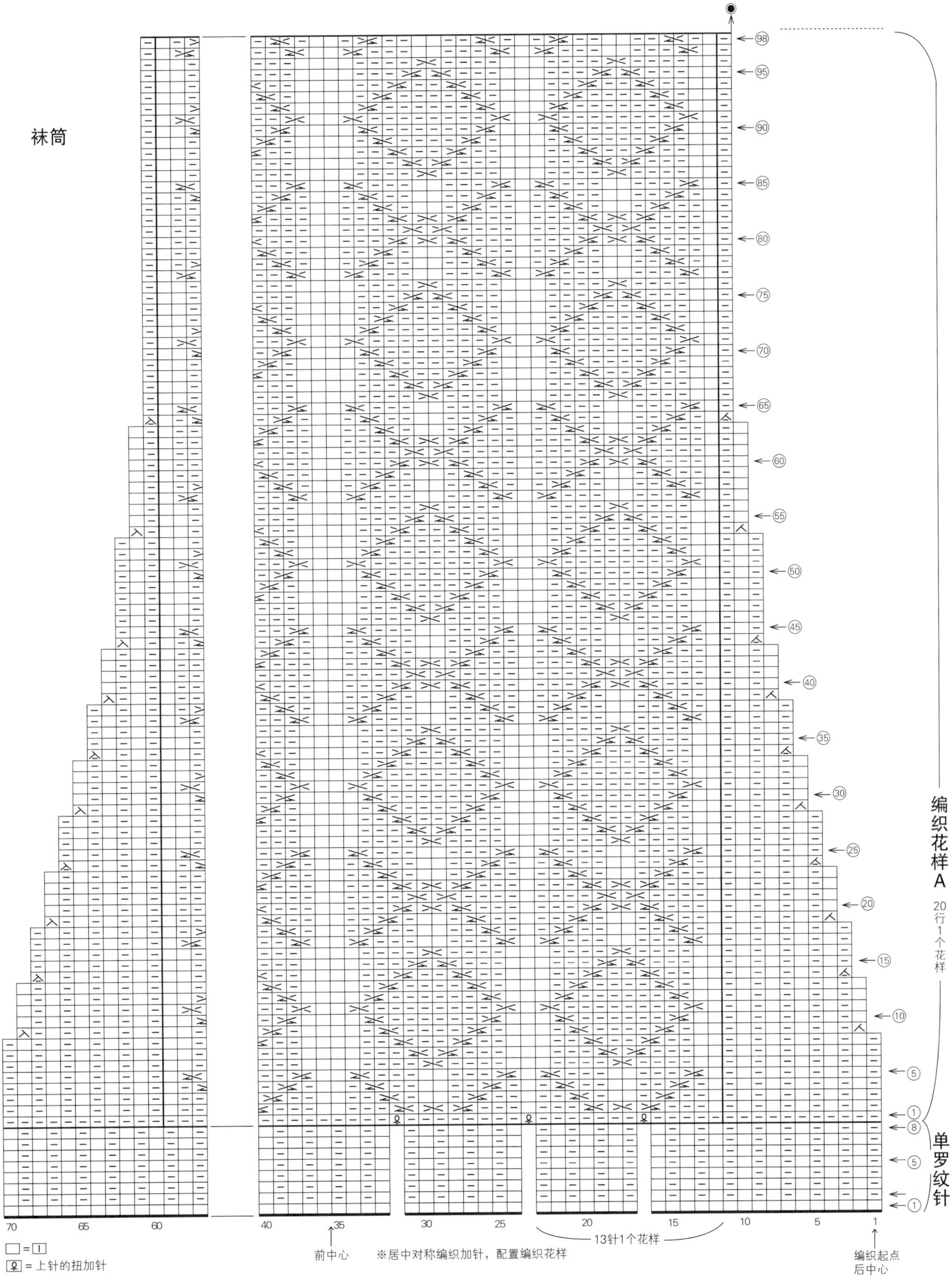

编织花样A
20行1个花样
单罗纹针
13针1个花样
前中心
编织起点
后中心

※居中对称编织加针，配置编织花样

□ = Ⅰ

Ձ = 上针的扭加针

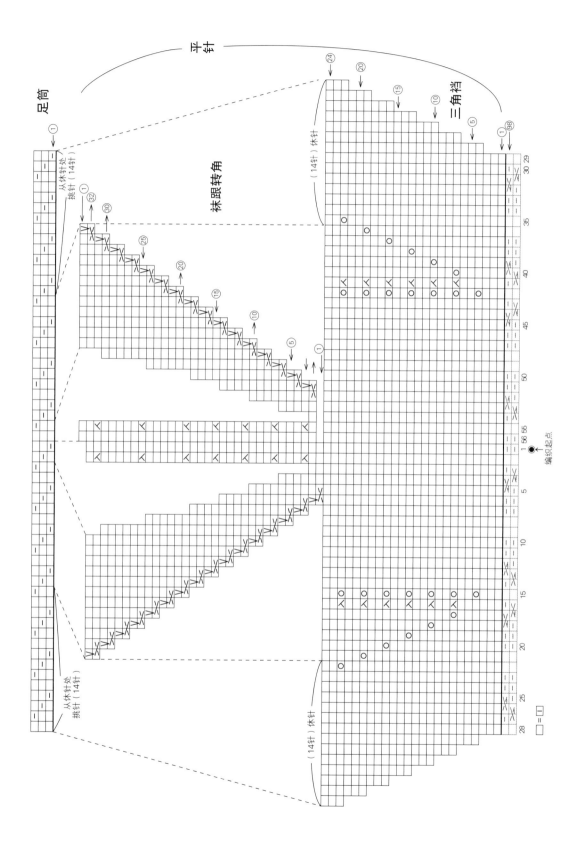

足筒

平针

袜跟转角

三角挡

从休针处
挑针（14针）

（14针）休针

编织起点

88

材料

和麻纳卡 EXCEED WOOL FL（粗） **29** / 蓝色（244）55克，原白色（201）45克；**30** / 浅灰色（237）55克，原白色（201）45克

工具 棒针2号

成品尺寸 底长23厘米，高19.5厘米

编织密度 10厘米×10厘米面积内：圈圈针28.5针，36行

配色花样29.5针，33行

编织要点

· 另线锁针起针起60针，按照图解编织圈圈针花样38行。
· 袜跟继续按照图解编织圈圈针花样的穆胡袜跟（参照第37页）。
· 足筒编织配色花样。
· 袜头编织成扁平袜头，剩余的针目做平针接合。
· 将起针行的锁针拆除，挑针编织圈圈针边缘（参照第45页），继续编织双罗纹针。最后一行做下针织下针上针织上针的伏针收针。

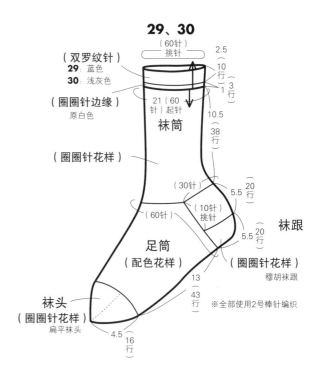

29、30

（60针）
挑针
（双罗纹针）
29：蓝色
30：浅灰色
2.5（10行）
3（1行）

（圈圈针边缘）
原白色
21（60针）起针

袜筒
（圈圈针花样）

10.5（38行）

（30针）
（10针）挑针
（60针）

5.5（20行）
5.5（20行）

袜跟
（圈圈针花样）
穆胡袜跟

足筒
（配色花样）

13（43行）

袜头
（圈圈针花样）
扁平袜头

4.5（16行）

※全部使用2号棒针编织

袜头

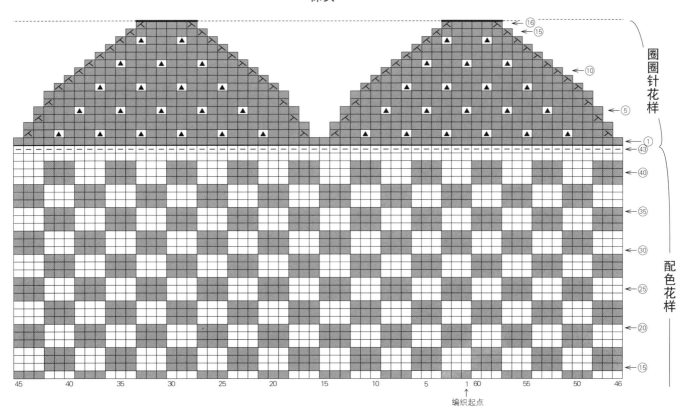

圈圈针花样

配色花样

编织起点

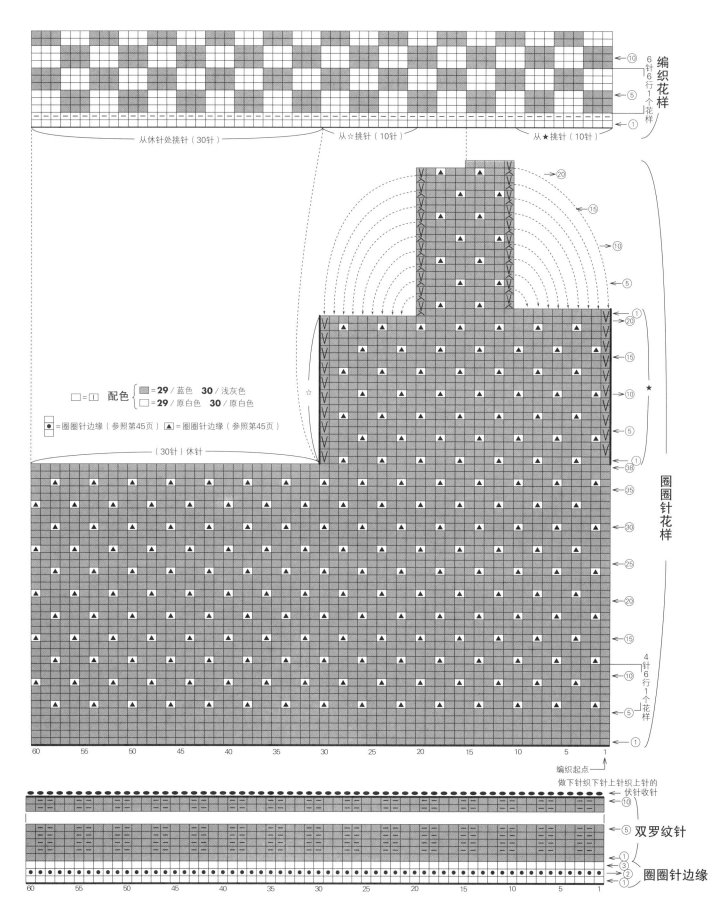

编织花样

6针6行1个花样

⑩

←⑤

←①

从休针处挑针（30针）　　　从☆挑针（10针）　　　从★挑针（10针）

→⑳

←⑮

←⑩

←⑤

←①

→⑳

←⑮

←⑩

←⑤

←①

←38

←35

←30

←25

←⑳

←⑮

←⑩

←⑤

←①

圈圈针花样

4针6行1个花样

□＝┃│　配色　{■＝**29**／蓝色　**30**／浅灰色　□＝**29**／原白色　**30**／原白色}

●＝圈圈针边缘（参照第45页）　▲＝圈圈针边缘（参照第45页）

（30针）休针

☆

★

60　　55　　50　　45　　40　　35　　30　　25　　20　　15　　10　　5　　1

编织起点→

做下针织下针上针织上针的
伏针收针

←⑩

双罗纹针

←①
←③
←②
←①

圈圈针边缘

60　　55　　50　　45　　40　　35　　30　　25　　20　　15　　10　　5　　1

Basic Technique Guide

基础编织技法

锁针

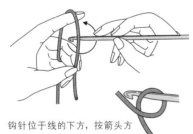

1 钩针位于线的下方，按箭头方向转一圈。

拇指和中指捏住

2 用手指捏住交叉的位置，钩针挂线。

3 挂住线从圆环中拉出。

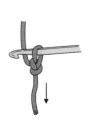

4 拉线尾抽紧圆环。这被称为打活结。

5 重复钩针挂线拉出的动作。

6 最后再一次挂线拉出。

另线锁针起针（从里山挑针）

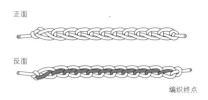

正面

反面

编织终点

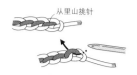

从里山挑针

棒针按箭头方向入针

1 棒针从锁针编织终点侧的里山入针，使用作品编织用的毛线来挑针。

2 挑出所需的针数。

下针

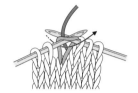

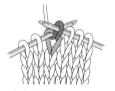

1 保持毛线在织片后方，右棒针从织片前方入针。

2 挂线，按箭头方向往织片前方织出来。

3 将左棒针上的针目脱落。

4 下针完成。

上针

1 保持毛线在织片前方，右棒针按箭头方向从织片的后方入针。

2 毛线从前向后挂在棒针上，按箭头方向织出来。

3 右棒针把线圈拉出，左棒针的针目脱落。

4 上针完成。

挂针

1 毛线从前向后挂在右棒针上。

2 编织下一针。

3 完成挂针。增加了1针。

4 织完下一行，从正面看织片。

右上2针并1针

不编织，移到右棒针上

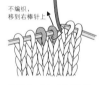

盖收

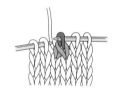

1 从前向后在右侧的针目入针，不编织，移到右棒针上。

2 将左侧一针编织成下针。

3 左棒针送进前面移动的针目，盖在刚刚编织好的针目上。

4 右上2针并1针完成。

右上2针并1针（从反面编织的情况）

→ =

交换位置

1 按箭头方向依次移动针目到右棒针上。

2 按箭头方向插入左棒针。

3 将2针一起编织成上针。

4 上针的右上2针并1针（即从反面编织的情况）完成。

左上 2 针并 1 针

1 按箭头方向从左侧插入 2 针。

2 棒针挂线拉出，将 2 针一起编织成下针。

3 右棒针拉出线圈，针目从左棒针脱落。

4 左上 2 针并 1 针完成。

左上 2 针并 1 针
（从反面编织的情况）

→ =

1 按箭头方向从右侧插入 2 针。

2 棒针挂线拉出，将 2 针一起编织成上针。

3 拉出线圈，针目从左棒针脱落。

4 上针的左上 2 针并 1 针（即从反面编织的情况）完成。

右上 3 针并 1 针

1 右棒针从前向后送入右侧 1 针，不编织，移到右棒针上。

2 从接下来的 2 针的左侧进针，一起编织成下针。

3 将前面移动的针目盖在织好的针目上。

4 右上 3 针并 1 针完成。

滑针

1 保持毛线在织片后方，针目不编织，移到右棒针上。

2 编织下一针。

3 完成滑针。

4 下一行按照符号图编织。

右上 1 针交叉

1 右棒针按箭头方向从右侧针目的下方插入左侧的针目。

2 棒针挂线，按箭头方向拉出，编织下针。

3 保持左侧针目不动，右棒针按箭头方向插入右侧针目，编织下针。

4 完成右上 1 针交叉。

左上 1 针交叉

1 右棒针按箭头方向进入左侧的针目。

2 棒针挂线，按箭头方向拉出，编织下针。

3 保持织好的针目不动，右棒针按箭头方向插入右侧针目，编织下针。

4 完成左上 1 针交叉。

右上1针交叉
（下侧为上针）

1 保持线在织片前方，右棒针按箭头方向从右侧针目的下方插入左侧针目。

2 棒针挂线，编织上针。

3 保持织好的针目不动，右棒针按箭头方向插入右侧针目，编织下针。

4 右上1针交叉（下侧为上针）完成。

左上1针交叉
（下侧为上针）

1 右棒针按箭头方向插入左侧针目，编织下针。

2 保持织好的针目不变，右棒针按箭头方向从后方插入右侧针目。

3 右棒针挂线，按箭头方向拉出，编织上针。

4 左上1针交叉（下侧为上针）完成。

卷加针

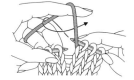  

1 右棒针按箭头方向转动，将线卷绕在右棒针上。

2 编织下一针。

3 编织完下一针的样子。

4 编织完下一行的样子。

扭针

1 右棒针按箭头方向从下方入针。

2 挂针，按箭头方向往上方织出。

3 左棒针的针目脱落。

4 扭针完成，下方的针目被扭转。

下针的扭加针

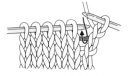  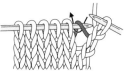 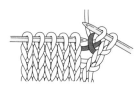

1 右棒针按箭头方向挑起针目和针目之间的渡线。

2 右棒针挑起线圈挂在左棒针上。

3 右棒针按箭头方向入针，编织下针。

4 下针的扭加针完成。

上针的扭上针

   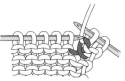

1 右棒针按箭头方向挑起针目和针目之间的渡线。

2 右棒针挑起线圈挂在左棒针上。

3 右棒针按箭头方向入针，编织上针。

4 上针的扭加针完成。

左上扭针 1 针交叉（2 针）

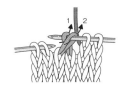
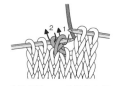

1 右棒针按箭头方向同时插入 2 针，移动针目。

2 按照 1、2 的顺序将针目送回左棒针上。

3 右棒针按 1、2 的顺序入针，分别编织扭下针。

4 左上扭针 1 针交叉（2 针）完成。

右上扭针 1 针交叉（下侧为上针）

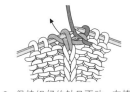

1 右棒针按箭头方向，从右侧针目的后方插入左侧针目。

2 从右侧针目的右方拉出针圈。棒针挂线，按箭头方向拉出，编织上针。

3 保持织好的针目不动，右棒针按箭头方向送入右侧针目，编织扭下针。

4 右上扭针 1 针交叉（下侧为上针）完成。

左上扭针 1 针交叉（下侧为上针）

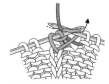

1 右棒针按箭头方向插入左侧针目，从右侧针目的右侧拉出针圈。

2 棒针挂线，按箭头方向拉出，编织扭下针。

3 保持织好的针目不动，右棒针按箭头方向从下方送入右侧针目，编织上针。

4 左上扭针 1 针交叉（下侧为上针）完成。

横向渡线的配色提花

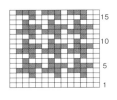

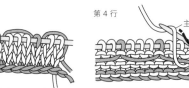
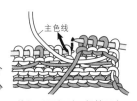

1 右端的编织起点，用主色线夹住配色线，编织 2 针主色、1 针配色。

2 保持配色线在上、主色线在下的渡线方式，重复编织 3 针主色、1 针配色。

3 第 4 行的编织起点，夹住配色线，编织 1 针主色线。

4 编织反面行时，保持配色线在上、主色线在下的渡线方式。

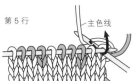
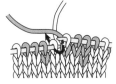

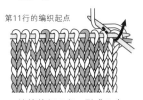

5 在一行的编织起点，将休针不织的线夹在边上。

6 按照符号图，重复编织 3 针配色线、1 针主色线。

7 重复编织 1 针配色线、3 针主色线。这一行可以编织出 1 个花样。

8 继续编织 4 行，形成 2 个千鸟格花样。

平针接合（两边都是活针圈的情况）

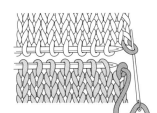
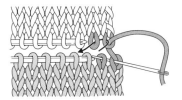
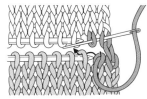

1 将 2 片织物对着拿。缝针依次从前方织片的边上第 1 针和后方织边的边上第 1 针的反面穿出。

2 缝针按箭头方向，先穿过前方织片的前 2 针，再穿过后方织片的前 2 针。

3 继续按箭头方向从前方织片的 2 针入针。重复上述操作。

KOREDE ANATA MO SOCK KNITTER（NV70588）

Copyright © Kotomi Hayashi / NIHON VOGUE-SHA 2020 All rights reserved.

Photographers: Yukari Shirai, Nobuhiko Honma

Illustration: Akiko Miura

Original Japanese edition published in Japan by NIHON VOGUE Corp.,

Simplified Chinese translation rights arranged with BEIJING BAOKU INTERNATIONAL

CULTURAL DEVELOPMENT Co., Ltd.

备案号：豫著许可备字-2020-A-0215

林琴美

从小就喜欢玩编织，学生时代自学针线活。成为妈妈后，开始设计童装，后来担任手工图书的编辑至今。为追寻各种各样的手工艺技法而奔走于日本国内外，与作家们交情颇深。著作多部，《阿富汗针编织进阶教程》（本书中文简体版已由河南科学技术出版社引进出版）好评发售中。

图书在版编目（CIP）数据

手编袜子教科书 /（日）林琴美著；舒舒译 . -- 郑州：河南科学

技术出版社，2024. 7. --ISBN 978-7-5725-1383-1

Ⅰ . S935.52

中国国家版本馆 CIP 数据核字第 2024W17F41 号

出版发行：河南科学技术出版社

　　　　　地址：郑州市郑东新区祥盛街27号　　　邮编：450016

　　　　　电话：（0371）65737028　　　65788613

　　　　　网址：www.hnstp.cn

责任编辑：刘　欣　余水秀

责任校对：王晓红

封面设计：张　伟

责任印制：徐海东

印　　刷：北京盛通印刷股份有限公司

经　　销：全国新华书店

开　　本：889 mm×1 194 mm　　1/16　　印张：6　　字数：180千字

版　　次：2024年7月第1版　　2024年7月第1次印刷

定　　价：59.00元